马志国 著

老年幸福秘籍

70例老年心理咨询案例

中国人口出版社
China Population Publishing House
全国百佳出版单位

图书在版编目（CIP）数据

老年幸福秘籍：70例老年心理咨询案例 / 马志国著
. -- 北京：中国人口出版社，2020.10
ISBN 978-7-5101-6696-9

Ⅰ. ①老… Ⅱ. ①马… Ⅲ. ①老年人-心理咨询-案例 Ⅳ. ①B844.4

中国版本图书馆 CIP 数据核字（2020）第 183212 号

老年幸福秘籍：70例老年心理咨询案例
LAONIAN XINGFU MIJI：70LI LAONIAN XINLI ZIXUN ANLI
马志国　著

责任编辑　张宏文　刘继娟
装帧设计　刘海刚
责任印制　林　鑫　单爱军
出版发行　中国人口出版社
印　　刷　北京朝阳印刷厂有限责任公司
开　　本　787 毫米×1092 毫米　1/16
印　　张　20.25
字　　数　260 千字
版　　次　2020 年 10 月第 1 版
印　　次　2020 年 10 月第 1 次印刷
书　　号　ISBN 978-7-5101-6696-9
定　　价　49.00 元

网　　址　www.rkcbs.com.cn
电子信箱　rkcbs@126.com
总编室电话　（010）83519392
发行部电话　（010）83510481
传　　真　（010）83538190
地　　址　北京市西城区广安门南街 80 号中加大厦
邮政编码　100054

序：用心好好感受生活

常言道：年轻受苦不算苦，老来享福才是福。

辛辛苦苦大半辈子了，谁不想做个幸福的老人？谁不想有个幸福的老年？

做个幸福的老人，有个幸福的老年生活，是老年人共同的向往和追求，幸福的老年生活是老年人理应享有的生活。

作为心理学工作者，我应邀先后在多家报刊开办老年心理专栏，倾听读者朋友关于老年生活的困惑，为老年朋友营造幸福生活提供心理援助。虽然讨论的问题涉及老年心理生活的方方面面，但是，归根结底核心问题是——怎样才能真正做个幸福的老人？怎样才能享有幸福的老年生活？

人到老年，有钱花是幸福；有房住是幸福；有好儿女是幸福；有好身体是幸福。但是，我们常看到有些老人，不缺钱，有房住，儿女孝顺，身体硬朗，却还是生活在烦恼和痛苦中，离幸福很远。为什么？这是因为，有钱花，有房住，有好儿女，有好身体……这些并非老年幸福的根本。

那么，老年幸福的根本是什么？

幸福的源泉，在我们的心底。

老年的幸福生活，在于我们用心去营造。

一句话，老年幸福的根本是学会用心好好感受生活。

不信，请看下面的故事。

一位老太太有两个儿子，大儿子卖伞，二儿子晒盐。为两个儿子，老太太差不多天天愁。每逢晴天，老太太念叨：这大晴的天，伞可不好卖哟！于是，为大儿子愁。每逢阴天，老太太嘀咕：这阴天下雨的，盐可咋晒？于是，为二儿子愁。如此愁来愁去，老太太日渐憔悴，积郁成疾。两个儿子不知如何是好。幸有智者献一妙策：老太太您要学会转念一想：晴天好晒盐，您该为二儿子高兴；阴天好卖伞，您该为大儿子高兴。老太太依计而行，果然心中愁云消散，日渐心宽体健起来。

您也许会说，这是故事，现实的老年生活也这样吗？

故事里的事，就是生活里的事。

打开本书您会看到，同是老来相伴，同是子女成人，同是儿女婚恋，同是待人处世，同是怡情养性，同是益寿延年，同是人生课题，诸如此类老年现实生活中的种种问题，却会因为我们看问题的角度不同，而有不同的感受。很多时候，虽然生活还是那个生活，但是，有时我们换个角度，就会发现，生活已不再是那个生活。于是，我们的生活从阴云走向了阳光。于是，我们就成了幸福的老人，我们就有了幸福的老年生活。

在本书中，您会看到很多似曾相识的案例故事。

书中的案例，都是来自作者的老年心理咨询实践，按照老年心理问题的性质分为七个部分，每个部分精选了若干典型案例。这些案例，个个点击老年朋友关注的心理热点，处处剖析老年朋友难解的心灵困扰，时时援助老年朋友自救的心路历程。这些案例的突出特点：一是有故事，有人物，有情节，具有可读性；二是有诊断，有分析，有答疑，确保科学性；三是有建议，有方法，有对策，讲究实用性。遵照心理咨询的准则，案例隐去了当事人的姓名、住址等背景资料，对有些内容做了必要的技术性处理。书的最后部分，还特意安排了适合老年人的心理自测量表。

不言而喻，这样一本书，注定接地气，注定有亲和力，注定聊起来亲切自然，注定贴近老年朋友的心。读进去您会发现，这本书就是老年朋友的贴心好友。

当然，这本书不单是写给老年朋友的。

在书中可以看到，有的案例就是作为子女或晚辈，为帮助父母或长辈化解心灵困扰的。书中的案例，都可以帮助心存爱心的子女或晚辈，更好地关心父母或长辈的心理生活。如果有机缘把这本书送给老人，也许是老人最喜欢的礼物呢。

再有，书中涉及的很多问题，比如，子女成人的问题，儿女婚恋的问题，怡情养性的问题，等等，是很多中年朋友已经面对的现实生活问题了。由此说来，这本书，对许多中年朋友来说，既是送给老人的礼物，也是送给自己的礼物。

那就让我们走进书中的故事，共同探寻做个幸福老人的心灵奥秘。

马志国

庚子夏月于空心斋

目 录

第一部分 老来相伴：牵手夕阳情更浓

第二部分 子女成人：把生活还给孩子

第五部分 怡情养性：安顿好自己的心

第六部分 延年益寿：养生从心开始

第七部分 人生课题：倾听生命的韵律

第一部分

老来相伴：牵手夕阳情更浓

退休后夫妻为何冲突多

心灵困扰：为什么退休后夫妻冲突更多了？

马老师好！我也算人到老年了吧，几个月前退休的。看过您的很多关于老年心理的文章，感觉都能说到老年人心里去。所以，今天也向您请教一个问题。

我和妻子结婚几十年，都兢兢业业上班、过日子。街坊邻里都说："你看人家两口子不吵架，不生气，日子过得多好。"说心里话，自己也感觉我们夫妻相处还是不错的。两个人每天都忙着上班，有时候甚至连早饭都顾不上吃，就各奔东西去了单位，晚上才回家吃上一顿团圆饭。确实很少发生冲突，也很少吵架。

几年前妻子先退休了，家里有人照顾了，感觉挺好的。去年，我也退休了。刚退休那会儿，也还感觉不错。但是，日子长了，两个人天天在一起，反而不知道该怎么相处了，你看我不对，我看你不对，常常为一点小事争得脸红脖子粗。比如说，家里的东西要怎么摆，钱要怎么花，甚至连孙子要怎么带，我们都会吵起来没完。

就这样，我们常常会互相挑剔、互相争吵。不知道是因为自己到了更年期，容易发怒，还是因为妻子脾气不好，说话比较直，让人心里不舒服。您说为什么会这样？我该怎么办？

心理援助：退休后夫妻关系需要重新磨合

您好！您说的情况还真是有点普遍性，很多夫妻都是年轻时候在职场上忙，到了老年似乎相处更难了，冲突更多了。这是为什么呢？说起原因来，性格特征、年龄特征，都不能排除，但更重要的，还是与退休后生活状态发生变化有很大关系。

退休后的生活状态会发生哪些变化呢？

一是生活重心发生了变化。退休前，事业、职场是生活的重心，也就是说社会生活是生活的重心。退休后，从社会回归了家庭，家庭生活成了生活的重心。生活重心的变化，就会导致人的心灵聚焦发生变化，过去更多考虑的是外面的事情，现在就会更多关注家里的事情了。于是，退休后的人际关系，就会由社会人际关系为中心，向家庭人际关系为中心转化。于是，夫妻之间也就容易看到对方的问题而发生冲突。

二是家庭结构发生了变化。回归家庭，关注家里的事，以家庭人际关系为中心，这时候，家里有谁？一般说来，父母退休的家庭，孩子们大多离巢了，家里也就剩下一对老夫妻了。于是，回归家庭的人，大多就是每天夫妻面对面，你看着我，我看着你。家庭人际关系变得单调，单调就容易乏味，乏味就容易生厌，生厌就容易挑剔，挑剔就容易冲突。再有，退休后夫妻关系也发生了变化，交往更密切了，心理距离更近了。用心理学的话说，这样人际气泡就会感到拥挤，就会生出许多的不愉快。同时，由于距离近了，也就更容易发现对方的问题。过去也许会忽略的问题，现在变得突出了。于是，就会互相挑剔，闹出冲突。

三是处于退休后的低谷阶段。退休后心理一般要经历几个发展阶段，就您的情况看，应该开始进入了低谷阶段。度过退休后最初的感觉良好阶段之后，有些人发现，退休前的许多幻想在退休后并不能实现，生活节奏的改变使他们难以适应，于是，感到迷惘，使心理陷入低谷。这种心态下，当然也容易诱发夫妻冲突。

如此说来，退休后夫妻冲突多，也算是人之常情了。

接下来，我们再说说怎么办。

一是做好心理准备。作为准老年，到了即将退休的日子，要提前意识到退休后的生活变化，意识到退休后夫妻相处会遇到新的问题，意识到退休后的一个重要任务是夫妻关系需要重新磨合。这样，提前做好心理准备，对可能出现的夫妻摩擦，就会降低心理反应程度，比较容易重新适应，从而避免冲突。

二是保持心理距离。退休了，回归家庭了，夫妻交往更密切了，出来进去就两个人整天面对面了，心理距离也就拉近了。距离产生美。这时候就需要主观上注意调控，从心理上保持距离，保持相对的独立性，彼此少点苛求，多点尊重，少点统一步调，多点各过各的自由。这样，人际气泡就不会拥挤，就会少一些冲突。

三是丰富心理生活。退休后的生活会单调许多。这时候，就需要主动地丰富自己的生活，养花、钓鱼、跳舞、读书、练字，都可以从心理上丰富自己，让自己的心灵有所寄托，注意力也就不再那么聚焦彼此关系。有了更宽的视野，也会减少彼此的冲突。

四是增进心理沟通。不管怎样，双双退休在家，彼此摩擦总会增多。这就需要积极心理互动，增进心理沟通。夫妻有话好好说，有话说在前面，讲究沟通技术，学会真诚地表达自己，让对方了解自己的想法和感受。这样来增进彼此的理解，就会少一些抱怨，多一些体谅。

五是适当心理宣泄。如果双方确实不好沟通，或是说了会让关系更恶化，感到没办法跟对方真实地表达自我，至少要跟自己表达，要真实面对自己的情绪，承认自己不舒服、难过或委屈，让这种情绪宣泄出来，不要一味压抑自己的情绪。可以写日记，可以对着镜子说话，可以找个合适的人诉说。消极情绪宣泄出来了，心理会变得平静下来，也有助于避免夫妻冲突。

六是修炼心理境界。人生是个修炼的过程，退休后夫妻关系的重新磨合，也是一个修炼心性的好机缘。修炼心性，就是检点自我，就是改变自我，就是完善自我。通过修炼，让自己心胸更豁达、更包容、更淡定、更平和。这样，退休生活就会少了烦恼，多了幸福。同时，人是互相影响的，当一个人有改变时，另一个人会感受得到，潜移默化中会跟着改变。于是，夫妻就会有更好的磨合与相容。

为什么老伴总是先斩后奏

心灵困扰：他为什么做事总是先斩后奏?

马老师好！我是一位退休教师。有个让我非常困扰的问题，就是丈夫做事总是喜欢先斩后奏，总是把事办了才让我知道，甚至得我追问才让我知道。过去，他就常常这样，现在都是退休的人了，他还常常这样。为这，让我很困扰，甚至很气恼。

就说最近的一件事吧。丈夫的妹妹自己当老板做生意，暂时周转资金不够。为了帮助妹妹，他又不跟我商量，就擅自以自己的名义办了一张额度为几万元的信用卡给妹妹用。这次连先斩后奏都不算了，还是我发现情况问起了他才承认的。

我问他怎么又先斩后奏，又不跟我商量？他说，这是他唯一的妹妹，暂时需要点钱，他当哥哥的不帮，谁帮？再说，这也不是借钱给她。我就催他赶紧找他妹妹及早还清，他却一拖再拖。我气得就直接和他妹妹通了电话。他妹妹说这事让她哥哥找她。您说，他自己做了好人，让我做恶人，这事多气人？我指责他，你为什么总是先斩后奏，为什么不事先跟我说？他说，过去有事也不是没跟你说过，你痛快地同意过几回？咱家啥事不是你说了算？在家里听你的也就算了，竟然直接找我妹妹催着还钱，有你这样的吗？

您看，明明是他先斩后奏，弄得反倒有理了似的。现在让我困扰的是，他为什么做事总是先斩后奏？难道真的是我错了吗？

心理援助：双方各自主动调节心理

您好！您说的这种先斩后奏的现象，很普遍，很有意思，也很值得讨论。

夫妻在家庭生活中为什么会出现先斩后奏的现象呢？

先斩后奏，本义是指臣子先把人处决了，然后再报告帝王。后来，多用来比喻下级未经请示，就先做了某事，造成既定事实，然后再向上级报告。就是说，在社会生活中，过去的先斩后奏说的是臣子，现在的先斩后奏说的是下级。也就是说，当我们说到先斩后奏的时候，就意味着双方处于并不平等的关系。

在婚姻关系中，不论于情、于理、于法，夫妻双方都应该是平等的，何来先斩后奏？这说明，从心理角度看，许多婚姻中的夫妻关系并不平等，或者在某些方面、某个角度并不平等。于是，夫妻关系在心理层面上出现了强势、弱势的区别。于是，在处置家务事上就有了谁做主、谁服从的问题。于是，就有了夫妻关系中所谓先斩后奏的现象。夫妻双方谁更容易先斩后奏呢？表面看来，先斩后奏者似乎是强势的一方，其实不然，从心理角度看，先斩后奏者是弱势的一方，或者说是“说了不算”的一方。

由此说来，先斩后奏就是夫妻双方共同造成的。就强势方说，主要的心理原因是自我膨胀心理。具体表现为唯我独尊、自视过高、自以为是、自以为真理的化身，在夫妻关系中居高临下，家务事喜欢自己说了算，喜欢对对方颐指气使，喜欢对方听命于自己。即便有所谓商量的形式，实际结果也是自己说了算。就弱势方说，主要的心理原因是自我防卫心理。维护自尊、体现自我价值感，是人的天性。自尊感是一种内驱力，驱动人争取获得别人的尊重，维护自己的荣誉和地位。由于强势方的自我膨胀，弱势方会感觉到自尊受到威胁，于是，就可能会激活潜意识里的自我心理防卫机制，做出过激反应，以非理性的方式来维护自我。

这又是为什么呢？这是因为人都渴望心理需要的满足。心理学告诉我们，人的需要由低到高排列成一个递进的需要层次。其中，自尊是重要的高级需要，自我实现是最高级的需要。自尊不用说了。所谓自我实现，说的是人都渴望发挥自己的潜力，表现自己的潜能，只有当人的潜力、潜能充分发挥并表现出来时，才会感到心理的满足。强势方的自我膨胀心理，潜意识里是为了满足自我需要，但由于缺乏理性、过度自我而压制了对方；弱势方的自我防卫心理，潜意识里也是为了满足自我需要，但由于缺乏理性而采取过激反应。如此相互作用，先斩后奏就“应运而生”了。

说到这里，再看您的情况。您是不是觉得与上面的分析大致相仿？恕我直言，至少在处理家务事中，您是强势方，您丈夫是弱势方。单说您丈夫给妹妹办信用卡的事，他的先斩后奏，是您给逼出来的。您一定能领悟到这一点，是吗？

那么，面对先斩后奏的现象该怎么办呢？

既然先斩后奏现象是两方面因素共同造成的，自然也该双方共同努力协同合作，各自主动进行自我心理调节。

首先，强势方应该主动“放权”。

所谓主动“放权”，是说强势方应主动调适心理，不再自我膨胀，不再唯我独尊，不再家务事自己说了算。夫妻关系是平等的，家务事是清官也难断的，许多家务事是很难分对错的，何必非要一个人说了算？说个我家的实例吧。就在前两天，家里该买面粉了。考虑到暑期面粉容易受潮发霉，我说，先买个 10 斤包装的好。妻子也说好，可还是买来 20 斤包装的，说是这样便宜点。像这样的事哪有什么绝对的对错？买就买了吧。作为强势方，对有些难分对错、两可之间的家务事，不妨主动“放权”，让出一定“权限”，有些事让对方该“斩”就“斩”，根本用不着“奏”。如此，哪还有什么先斩后奏？

就您家的情况来看，您的“权限”不小了，不妨来个“对半分”策略，把一半家务事的“权限”主动交给丈夫，比如说10件家务事，有5件让丈夫说了算。像办信用卡这件事，您就不妨放权，不闻、不问、不干涉，更不做恶人。如此也就相安无事，岂不是比生气、吵架好？再说，这件事如果您非要较起真来论个对错，于情、于理、于法，您未必占上风。退一步说，即便您还不习惯主动放权，也应在丈夫对您说起对家务事的想法时，及时“准奏”。这样，两个人都维护了自尊，还避免了先斩后奏。再有，有些事情客观上难于事先沟通，来不及“请示”，只能先斩后奏了。

其次，弱势方应该理性“维权”。

弱势方的先斩后奏，潜意识里多少总有“消极对抗”的意思，确实容易让对方感觉不爽，容易引发矛盾和冲突。所谓理性“维权”，是说弱势方也应积极调适心理，不再盲目地利用潜意识里的自我防卫机制，靠过激反应来处理家务事，而应变消极对抗为积极争取，采取理性的对策，来维护自尊，满足自我实现的需要。

首先是从根本上调整、改善双方关系。只有双方关系得到根本的调整和改善，才可以避免先斩后奏。正所谓扬汤止沸不如釜底抽薪。再有，弱势方要做好一门功课：善于表达，善于说服，善于通过理性沟通，让对方理解并肯定自己的想法，从而促进对方的改善，也促进了自我心理需要的满足。还有，对家务事要学会区别对待，避免不分轻重乱“维权”。对生活琐事、难分对错的事，不妨彻底“弃权”。对重要的事、涉及原则的事，坚定地、毫不妥协地“维权”。这样的“维权”，也会促使对方有所退让，有所妥协，甚至有所醒悟。

说到这里，相信您不会怪我偏袒您丈夫了。就办信用卡这件事而言，人家宁可背负先斩后奏的罪名也坚持那样做，是应该肯定的，也是我们该警醒的。很高兴在来信最后您能想到：难道是我错了？相信我们的交流，会帮您有进一步的自我醒悟和自我调整，让您夫妻关系走向平等和谐，最终告别先斩后奏的困扰。祝福您！

老两口有话好好说

心灵困扰：老两口为什么经常说话怄气?

马老师好！看过电视上您做嘉宾的一个心理节目，今天想为我的父母请教您一个问题。我父母都60多岁，退休好几年了。我特别理解老两口把我们拉扯大一辈子不容易。现在，我们都有了自己的家庭和事业，原以为老人该乐享晚年了，该多给老人一些安宁了。因为觉得反正老人身体还好，我们就没多往老人那里跑。

谁知道最近我们才发现，老两口过得似乎并不快乐，常常怄气。前天，我去看老人，先是妈妈对我告状：你爸爸什么话都不和我说，整个一个闷葫芦。后是爸爸向我诉苦：你妈妈一天到晚没完没了，还总嫌我不理她。就这样，老两口经常为说话怄气，弄得我们不知如何是好，我们不知他们出了什么毛病。

您说，这是为什么呢？老两口为什么会为说话怄气？

心理援助：弄清原因，共同调整

你好！老年夫妻为说话怄气，确实是个需要探讨的心理问题。说到为什么，从心理方面说应该原因很多。

一是语言的性别差异。心理学研究发现，女性比男性有较多的语言优势，相对而言女性的语言能力发展比较好。比如，女孩常常比男孩能说会道，而且谈情说爱的时候，也是女人更喜欢“甜言蜜语”。这种对语言的偏爱几乎伴随了女性的一生。此外，还表现为男女语言交流风格的不同。研究发现，女性说话平均使用 5 种语调，但男性说话只用 3 种语调，因而往往只能辨别女性 5 种语调中的 3 种。女性一天内可以用语言、语调、手势、面部表情等方式，发出 24 000 个交流信号，而男性最多只能发出 10 000 个交流信号。这就容易造成很多男人总以为女人老在重复一个话题，说女人一天到晚爱啰唆。

二是语言的个体差异。有人健谈，有人多思，有人喜欢具体形象的语言表达，有人偏爱深刻严谨的语言表达，可见语言也会表现出个体差异。如果这种差异又与性别的语言差异重合，就会更明显了。比如，健谈的人恰恰又是女性，话就会更多些；沉思的人恰好是男性，话就会更少。于是，一个爱说话，有什么事心里搁不住，不仅要说出来，而且还要有人对话；而另一个呢，却不喜欢什么事都放在嘴上，还觉得对方说的不是没有意思，自己就是说了也没用。于是，这边越是看你一声不吭，就越是着急，越想说动你，越想让你理解她的意思；那边看你说个没完，更是嫌你絮絮叨叨，气也就怄个没完，更不愿搭腔。

三是生活情境的变化。其实，作为老年夫妻，以往几十年中也不是没有怄过气，但是，只顾风风雨雨、忙忙碌碌地过日子，生活压力大，来不及为小事烦恼。何况家里总还有其他人可以说说话，烦恼的情绪就不容易积累。如今，两人总算共同把家庭的使命基本完成了，有了更多的时间四目相对，交流的对象更多限于二人世界了。有话和谁去说？当然只有老伴了。于是，一旦出现交流障碍，就表现为老两口的障碍了。同时，上面说的性别差异或个体差异，这时也就突显出来了。自然加重了这种麻烦。于是，年纪大了，却经常怄气，弄得一对老人双方心里都不痛快。

四是二人世界的不适应。突然子女离去，自己又退休回家，二人世界的生活一时难以适应，也是造成交流障碍的一个原因。特别是男性，更是难以适应。

那么，老两口过日子，怎样避免说话怄气呢？

首先是认知调整，增进相互理解。国内外的多项调查都证明：心心相印、相濡以沫的夫妻，婚姻质量高、身心健康、活得快乐、活得长久，反之，就婚姻质量低、身心不健康、郁郁寡欢、性格怪僻、易生疾病。所以，既然事关老两口，这就需要彼此多些理解，积极营造一种良好的沟通氛围。再有，对于上述的种种原因，也应有所领悟，以便彼此多些宽容，多要求自己，多体谅对方。

其次是抓住时机，调动对方情绪。毕竟几十年相处，了解老伴的性格、脾气，在老伴心烦的时候，自己尽量少说话，生活上给以默默地关心体贴；在老伴心情好转时，自己在双方共同关心的问题上来几句建设性的意见，使老伴感觉到你是经过认真思考的，你的意见是值得引起注意的，而不是“说了也白说”的话。对方情绪再好点时，试探着问对方几句上次为什么生气，并耐心劝告对方，有气说出来，别气伤了身子。自己说的时候，轻声细语，话不在多，点到为止。如此，次数多了，功夫不负有心人，不愁对方不被打动。

再次是转移目标，培养晚年情趣。年纪大了，谁的脾气都不容易被对方改造。但是为了晚年和谐相处，也不必怄气烦恼，可以做一些必要的自我调整，最好是把注意力转移到别的事情上去。过去年轻时曾经有过的那些爱好，现在有条件的话应该重新拾起来。这样，既增进了情趣，陶冶了情操，又提高了自己的修养和品位。这时，老伴怄气的客观条件就不存在了，气也就无从怄起，说不定一方的乐趣还吸引了另一方，一起投入晚年的爱好中，满足了精神需求，实现健康养老。

最后是走亲访友，走出二人世界。老年生活要避免孤独、单调，需要有一些社交活动，需要经常走出二人世界。当两人有不愉快时，与其僵持，不如一起走访双方都信得过的亲朋好友。先不谈自己的不快事，更不要只图个人痛快，一味地数落老伴的不是，而是在与别人的交流中，开阔视野和心胸，以共同营造开朗心态，渐渐化解心中的隔膜。再说，“他山之石，可以攻玉”。人家老年夫妻恩爱相处的好榜样，也值得学习，来帮助调整自己的心态和关系。

此外，做子女的也该尽心尽力，其中最重要的就是“常回家看看”。“为了老人多一些安宁，往老人那里跑得少了”，这动机虽然不错，效果未必就好，特别是在老人刚刚退休的阶段，效果更不好。所以，聪明的做法是多往老人那里跑跑。这样，也有助于老两口的心理调整。

人到老年，小心呵护夕阳情

心灵困扰：老夫老妻这样相处对不对？

马老师好！我们夫妻俩都是60多岁的人了，儿女大了，一个个离开家了，家里就剩下我们两个人了。我们总有那么一种说不出的感觉，一种空落落的感觉。我的情绪低落，我看老伴的心情更不好。慢慢地我发现他一个大男人原来更怕寂寞。

我就想，老这样下去可怎么行？儿女总得离开家，总得有只剩下两个老家伙的时候，就这样整天大眼瞪小眼，总不是个办法。人老了，就得重新学习自立，学习不依赖儿女，老夫老妻自己安排好自己的生活。

一天晚饭后，我跟老伴说了自己的想法。老伴说，也是，老了还真得学习自立，对，咱俩往后就得好好充实自己的生活，离开孩子受不了怎么行？

说行动就行动，我先从自己做起，开始积极地自我调整。很快，通过社区联络，我担任了一个老年活动站站长。这下可好，活动站不大，琐碎事可真不少，有时真忙得不可开交。随后，我还拉来老伴。反正是公益活动，上级领导当然支持。就这样，老伴也跟我跑前跑后地帮忙。这一忙起来，低落的心情烟消云散了。每天看他忙得高兴，我干得也开心。就这样，许多活动我都拉着他。我俩每天一起锻炼，一块儿上老年大学，把生活安排得又紧凑又丰富。您说，哪有工夫去寂寞？我的切身感受是，生活充实了，心里也就充实了，老夫老妻的感情也充实了。当然，最重要的是老夫老妻之间，要互相理解，互相支持。

不知道老夫老妻这样相处对不对？您是专家，您还有什么建议吗？

心理援助：用心呵护夕阳情

您好！最美夕阳情，您的故事很美。然而，每一份夕阳情都不是上苍赐予老人的，而是需要老人用心、小心翼翼地滋养而成的。您二位做得很好。我这里再跟您二位分享一下我的想法吧。人到老年怎样用心呵护夕阳情呢？

第一，多一些理解。这是深化老年夫妻感情的心理前提。

多年相伴，相互理解按说似乎没问题，那么为什么老年人还存在多一些理解这个问题呢？因为伴随家庭环境的变化，面对隔辈感情的迁移，以及由于年龄增加可能出现的情趣变化，更年期前后或退休前后，可能出现的心理与性格的变化等，都会使老年人表现出某些身心方面的新情况。所以，老年夫妻也有个相互理解的问题。如果对这些变化能够有较好的心理准备，相互理解，老年夫妻就能较好地适应这些新的变化，确保感情逐步深化，防止由于对这种新变化缺乏理解而出现矛盾。

第二，多一些体贴。这是深化老年夫妻感情的行为准则。

老年人的相互体贴，一要以了解为基础。只有了解对方生活哪方面可能出现困难与不便，才能及时地给予帮助。还得强调的是，对老年人来说，这些困难与不便可能是琐屑而微细的，甚至是对年轻人来说根本不算问题的问题。二要以主动为原则。老年人都有较强的自尊心，有点困难不愿打扰别人，就是夫妻之间也是同样的。因此，老年夫妻之间的关心与照顾，要主动“出击”，使对方更觉温暖。比如，老伴正在忙于案头读写，您默默地送去一杯热茶；老伴正在厨房忙于烹调，您主动地帮助剥一棵葱，洗一个碗；等等。

第三，多一些务实。这是深化老年夫妻感情的表达形式。

老年人的思维和性情特点在于求实，老年夫妻感情的表达方式，也逐步地进入务实阶段，由年轻时的浪漫而张扬转为深沉而含蓄。因此，老年夫妻感情的深化，到了注意稳重、务实和深沉的时候，不再追求外表上的张扬、热烈。当然，老夫老妻在适当时机也不妨来点情趣，但要注意分寸，让对方能够接受。

第四，多一些交流。这是深化老年夫妻感情的人际策略。

老夫老妻一辈子，难免会有一种"话已说尽"的感觉。虽然话少了，可能情更浓，"此处无声胜有声"，也是一道风景。但是，经常默默无言难免有一种寂寞之感。所以，在茶余饭后多找机会聊聊天，也是一种难得的情趣。您可以说说过去，回忆闪光的往事，重叙迷人的初恋；也可以聊聊今天，家里家外、国内国外的生活趣事，都是话题；还可以谈谈明天，只要情深意浓，明天还是好日子。

照顾患病老伴的苦恼

心灵困扰：老伴闹病我哪还有什么轻松自在？

马老师好！有个心事儿，真不知道和谁说说好，和孩子不好说，和朋友不好说，只好和您说说了。

我今年60多岁，从一个机关单位退休下来的，老伴是个退休职工，孩子已经成家立业。按说，我的老年生活应该是无忧无虑的。我也早就心里这样设想过，等退休了老两口好好过过轻松自在的日子。

可是事情偏有不巧。我还没退休的时候，老伴就有些精神不正常了，随后身体也不行了。到我退休的时候，老伴已经完全失去了生活自理能力，而且慢慢失去了意识，最后成了一个植物人。转眼好几年过去了，老伴一直这个样子。您不难想象，照顾闹病的老伴，我的退休生活哪还有什么轻松自在？

不是我吹牛，街坊邻里、亲戚朋友，都说我这个人够意思，长年照顾病中老伴尽心尽力，才让一个植物人这么长时间活得好好的。还有人想写文章表扬我，我给拦住了。老夫老妻一辈子那是缘分，老伴病了，我理当尽心尽力照顾，有什么好说的？还得感谢老伴，因为照顾她，我的身板越来越硬朗。您说怪不怪？

但是，话说回来，我心里也有自己的苦恼。起初，老伴刚闹病的时候，虽然生活能够自理，不用人全面照顾，但是，因为脑子有毛病，精神状态不正常，不能像正常人那样想问题。因此，老两口很多话没法沟通，很多心事没法交流。这也就罢了，有时候她还会凭空生出是非，怪我这个、怪我那个，常常弄得我不知如何是好。

这个样子虽让人苦闷，可到底还有个人跟你吵架，还有个人跟你说话。后来，老伴完全失去了意识，什么都不知道了。这回好了，没人让你生气了，没人和你吵架了。孩子们不在的时候，就我一个人，连个说话的人都没有。说实话，这比她和我吵架还让我难受。幸好我喜欢读书、看报解解闷，减少了一些精神的孤独。

瞧，一下子和您说了这么多，心里痛快多了。不知道您能给我什么帮助吗？

心理援助：照顾病中老伴也要好好照顾自己

您好！非常感谢您的信赖，非常理解您的处境。看得出，您很有修养。我这里就不说太多同情安慰的话了，重点说说我的看法和建议。

像您这种情况，应该说很有普遍性。老夫老妻都能健康度晚年，当然最好。但是，看我们的生活现实是，随着老夫老妻年龄的增长，几乎很难同样健康，总会有一方先出现身体不好，或是疾病缠身。这时候，就需要另一方的照顾了。

照顾老伴，当然义不容辞。很多老人和您一样，都能够尽心尽力照顾生病的老伴。我们也常常可以听到这样的感人事迹。我想说的是，老夫老妻中，身体相对健康的一方，在照顾好老伴的同时，也要好好照顾自己。

那么，从心理方面说，在照顾患病老伴的同时，我们该怎样照顾好自己呢？

一是做好心理准备。做好什么心理准备？一方面做好照顾老伴的心理准备。从心理上主动意识到，老夫老妻总会有一方闹病，不管孩子们怎样照顾，自己作为相对健康的一方，尽心照顾是理所当然。这个心理准备到位了，到了需要照顾老伴的时候，心理压力就会小得多。另一方面做好照顾自己的心理准备。老伴病了，在尽其所能好好照顾老伴的同时，一定还要心里有个数：自己也是老人了，不能盲目地奋不顾身，不顾自己的身心承受能力，一定要量力而行，一定要学会照顾好自己。在这一点上，我感觉您已经做得不错了。

二是适当心理宣泄。如果老伴长期患病，即便做好心理准备，日子长了照顾起来也会增加心理压力。心理学告诉我们，化解心理压力的一个办法是宣泄。宣泄的方法很多，比如对人诉说，就是一种可行的方法。您说对我说说“心里痛快多了”，其实就是宣泄对化解心理压力的效果。虽然这样的话，不好随便说随处说，要找合适的听众，但是，也要注意别太封闭自己。在适当的时候，和自己的亲友就可以诉说诉说。生活中，我也经常当这样的听众，我这个听众虽然什么也没做，但诉说的人心情就好多了。

三是调节心理生活。如果是老伴长期患病，还要考虑在照顾老伴之余，创造条件丰富自己的生活。现实生活丰富了，心理生活也就得到了调节。这一点非常重要。这就好比及时换换新鲜空气一样，会让人获得新的活力。您喜欢读书看报就挺好，就起到了调节心理生活的作用。此外，增加人际交往也是调节心理生活的好办法。怎么增加人际交往？可以请进来，可以走出去。我的一位朋友就是这样，有时候把牌友们请到家里来打牌聊天，有时候让孩子帮忙照看老伴自己到外面和老友们聚聚。

四是调整心理状态。人的心态是个很奇妙的东西，对许多事，我们的心态变了，感受也就会随着改变。同样的事情，心烦气躁也是做，心安气定也是做，心态不同了，做起来感觉就会大不一样。就说照顾老伴这件事，我听过一位老先生的说法：不管怎样，自己照顾别人，总比别人照顾自己好啊。您听，这样的心态多好，这样的心态是不是够智慧？有了这样的心态，照顾起老伴来，就会少了一番苦闷，多了一番心安。从效果说，往往照顾得比较好，自己也会感受比较好。

再有，您看看那些照顾老伴的老年朋友，往往自己身体都不错，甚至可以说正是因为需要照顾老伴，让自己延年益寿了。这叫“用进废退”。因为要照顾老伴，我们身心的能量，我们的生命力，就会被激发出来，就会让我们身心健康，延年益寿。您自己不是也有这方面的体会吗？

如何对待老人的“退休离”

心灵困扰：父母老了为什么闹离婚?

马老师好！我父亲去年刚退休，到现在不到一年。我们心里想，好容易老两口都退休了，可以过几天安闲的日子了。没想到前几天，父亲却和我们正式提出，要与母亲离婚。虽然我们知道，父亲和母亲的性格不太合，但两人磕磕绊绊过了几十年，到现在老了却闹起了离婚，说实话，真是让我们发晕，不知道如何是好。

退休前父母都是公务员，都在机关单位上班。父亲心思细腻，母亲性格比较火暴。在家里商量问题时，一不满意母亲就爱发脾气。父亲刚开始还唇枪舌剑想争个高低，慢慢地就不争了。嘴上不说，心里却冷了。当时，我和弟弟都还小，看在我们两个儿女的分儿上，父亲没有提出离婚。表面上相安无事，但长期以来父母很少有深入交流。父亲平时很少在家里，即使在家里也是很少说话。

去年，父亲退休了。几个月后，父亲对我们说，我早就和你妈没有感情了，以前你们还小，我只有忍着。现在你们都成家了，不用我操心了。我要寻找自己的幸福。

起初，我们明确不同意他们离婚。他们毕竟凑合着过了几十年。可是，今年春节回家，我发现父亲一个人在阳台上呆坐着，脸上两道不易觉察的泪痕若隐若现。我突然感觉父亲很孤独，很可怜，令人心酸。

我心里很纠结，一面希望父亲能找到自己晚年的幸福，一面担心离婚后他的生活。再说，离婚后母亲怎么办？真是让我不知如何是好。您说，究竟应该怎样对待这样的问题？我们能给父母什么帮助？

心理援助：关键是退休适应期惹的祸

你好！父母人到老年却闹起了离婚，当儿女的心情怎能不纠结？不过呢，既然事已至此，我们不如先静下心来，先读懂老人闹离婚的原因。这，也许有助于当儿女的正确面对父母的婚姻，并给父母可能的帮助。

近年来，我国确有一些老年人的婚姻遭遇了“退休之痒”。有人总结发现，退休，成了一个坎，退休后的前几年，成了老年人婚姻亮红灯的危险期。而且，这种现象很有普遍性，几乎是个世界性问题。有人把这种现象，叫作“退休离”或“黄昏离”。

那么，老夫老妻过了大半辈子，为什么退休后反而闹起了离婚？

应该说，关键是退休适应期惹的祸。

退休，是人生的一个重大转折点。退休前后，人要经历一个或长或短的适应期。在这个适应期，人将面临许多重大变化。退休后，从社会回归了家庭，生活重心从社会生活转移到了家庭生活。与此相关联的是，退休后的人际关系，也由社会人际关系为重心，向家庭人际关系为重心转化。这时候，大多孩子们都离巢了，老两口每天面对面，应该说心理距离更近了。但是，心理距离太近了，人际气泡就会感到拥挤，彼此就会感到不舒服。同时，由于距离近了，也更容易发现对方的问题，因而导致婚姻冲突。

退休适应期，一般要经历蜜月阶段、低谷阶段、定向阶段和稳定阶段。其中，低谷阶段是最难适应的，许多人会感觉找不准新的生活方向了。于是，迷惘、痛苦、沮丧、心理陷入低谷。这样的心态，自然也容易诱发婚姻障碍。

再有，有些原本感情就不好的“凑合型”夫妻，因为生活压力，因为养育孩子，年轻时即使有矛盾也暂时隐忍，不轻易离婚。退休后，就会对婚姻生活有更高的期待。于是，潜伏的矛盾就表现出来了，也容易导致离婚。另外，老年夫妻容易出现性方面的障碍，如果双方协调不好，也容易出现矛盾。

如此说来，我们应该怎样对待老年离婚的问题？

说到这里，想起看过的一个报道。李先生年轻时由父母包办成婚。因性情不合，双方时常吵闹。直到年老后的李先生住进了医院，对儿女们说：“我和她闹了一辈子离婚也没离成，在临死之前说什么也得离。不然，到了阴间还得打架。”无奈的儿女们听了父亲的话，心都要碎了，只好依从。法官们将庭审安排在了病房。经劝解无效后，最终在法官主持下，双方达成了调解离婚协议。

所以，我想说，如果人到老年确实夫妻情缘已尽，能够给彼此一个自由，能够给彼此一个重新选择生活的机会，不论家人和社会，都应给予人性化的关怀和支持。如果确实到了这个地步，老人自己不能盲目草率，要对离婚后的生活做出妥善安排，做儿女的也不该责备父母，而应该想办法尽力照顾好父母的晚年生活。

这样说来，我赞成老年夫妻离婚了？不，绝不。我的态度是，人到老年最好不离婚，有一分的希望，就要拿出百分的努力，来留住老年的婚姻。事实上，许多老年夫妻闹离婚，经过多方的积极努力，是可以继续相携走进夕阳的。

作为双方当事人该怎么努力？

一是积极心理互动。“百年修得同船渡，千年修得共枕眠。”一份几十年风雨同舟的陪伴和默契，是其他人无法替代的。所以，对退休后的适应期，要做好心理准备，彼此还是珍惜为上，积极互动，重新磨合。在这个过程中，适当调整双方相处的模式，加强彼此的沟通和理解，多包容，少挑剔，多妥协，少争执。同时，老年夫妻要在性生活上重新磨合、相互协调、彼此配合，也有助于增进关系的和谐。

二是降低心理期待。对退休后的婚姻生活，也要讲究一半将就一半。心理期待降下来，满意度就会提上去。具体说来，对老两口之间的问题，可以采取“搁置”对策。就是说，不是要怎样很好地解决、消除它，而是要有一个很好的、宽松的心理环境来对待它，比如，老伴慢性子，慢就慢点吧。这种搁置，其实本身就是一种解决。

三是保持心理距离。为了保持适当的心理距离，在许多事情上，老两口不必非要“统一意志”“统一行动”，可以来点“各行其是”，给彼此留有足够的独享空间，给各自留有一定的心理自由度。

四是创新心理生活。退休后要找到新的精神寄托。一方面，在互相尊重的前提下，各自做一些自己喜欢做的事情，比如，你喜欢种花养鸟，我喜欢娱乐锻炼等。另一方面，共同开始一些新的生活，比如，夫妻一同出游。退休了，有时间了，夫妻安排一同出游，也是一种新生活，也是一种新的感受。

五是提升心理境界。相逢就是缘。性情相合，是缘；性情不很和，也是缘。慢慢地，心随境转，提升了自己的境界，淡化了彼此的冲突。平平淡淡中，时光悄然流逝，白发对白发，哪还用什么离婚不离婚？

对于父母可以挽救的婚姻，做子女的，也要有一分希望做百分的努力。要创造条件促进老两口的重新磨合，在双方之间多做良性信息传递，特别是打好亲情牌，常常可以帮父母留住婚姻。

就来信谈的情况看，除了做好上面的工作外，还可以把我们的通信给父亲看看，也会帮助父亲深刻思考自己的婚姻，做出更理性的选择。

老年再婚怎样冲破自我心障

心灵困扰：想找个老伴有什么不对吗？

马老师好！我是一名退休工程师，妻子在儿子15岁时因病去世了，那时女儿才10多岁。我既当爹又当妈。两个孩子也努力，都有了比较好的工作，对我也很好。

可是退休后，我常常感到心里寂寞。儿女们看我满脸忧郁的样子，总是用不解的口气说："爸，你还有什么不满意的呢？家里要什么有什么，如果你还想买什么东西，跟我们说一声，立即给你买来。"我知道儿女是诚意，可他们哪里知道，我想要的不是这些，我想要的是一个能和我共度晚年的老伴啊！

一个多月前，我受一家建筑公司王总的邀请，去参与一个工程设计。同去的还有一个被年轻人称作"周姨"的她。从王总处得知，她老伴已过世几年了，现在一个人过。她退休前在设计院工作，人很随和。餐桌上我们互换了名片。过后我经常想起她，每次拿出名片想打电话给她，却又找不出打电话的理由。

有一天，我刚刚起床洗漱完毕，电话铃响了。我拿起电话一听，原来是她。她说有一个学术上的问题，要向我请教一下，因电话里说不清楚，约在公园里向我请教。她为什么约我到公园去讨教学术上的问题？是不是她也有那意思？

我穿上自己最得意的西装，配上擦得锃亮的皮鞋。到了公园，原来学术上的问题很简单，凭她的资历水平这应该不成问题。但我没有点破，心照不宣地解决了学术问题后，我和她很自然地在公园里一起散步……

终于有一天，我把儿子和女儿叫回来，跟他们说了我的想法，希望他们理解老爸。可他们却用模棱两可的话来应付我。儿子说："我们以后尽量多回来看您，您就不孤独了。"女儿用哀求的语气跟我说："老爸，不是我拦着您，您看我那当军官的男朋友还没来过，要是知道了此事，您说我的面子往哪儿搁？您能不能等我结婚后再找？"他们的意思我清楚，归结起来一句话：不同意。

如果再婚对孩子们真有什么不好，我能不替孩子们想吗？可是，我想找个老伴有什么不对吗？我真不知道该怎么办才好？

心理援助：首先是冲破自己的心理关

您好！我也是个退休的人，理解您退休后孤独的心情，更支持您想找个老伴的想法。从心理学来看，人这一辈子就是不断产生需要并获得满足的过程。人到老年，自有其靠亲情不能满足的精神需要，第一位的就是需要一个老伴。因此，只要条件具备，老年再婚对老年人的身心健康，对家庭的和谐幸福，对社会的稳定发展，都是一件大好事。

可是，老年再婚尽管是好事，却往往困难重重。

为什么？说起老年再婚之难，人们往往首先想到，是儿女拦住了父母的再婚路。其实，从心理角度说，拦住老年再婚路的，关键是老年人自己的心。我的心理咨询实践也说明，来自老年人自身的心理障碍，是老年再婚难以冲破的第一关。所以我说，老年再婚，要冲破自己的心理关，冲破自己心理上的障碍。

第一，要冲破自我的认知障碍。

所谓认知障碍，首先表现在婚姻道德自我评判的守旧。传统的婚姻道德，在老年人的心灵深处根深蒂固，形成自我的心理禁锢。因此，当一些老年人萌生再婚的念头时，难以冲破的是自己内心陈腐的道德观念。于是，常常是强烈的自我道德批判，扼杀了自己追求晚年幸福的愿望。道德规范是发展变化的。老年再婚的道德观念也是如此。比如，过去认为老年再婚是“老不正经”，今天则是“天经地义”。

认知障碍，还表现为婚姻功能价值取向的片面。婚姻功能本来有两重性：婚姻有繁衍后代的功能，叫作生育功能；婚姻有康乐人生的功能，叫作愉悦功能。老年人在婚姻功能的价值取向上，至今还倾向于单一的生育功能，总是以为，子女成人，儿孙满堂，已经完成了婚姻的使命，人都老了，还再婚做什么？人家会怎么说？因而放弃了再婚的追求。其实，随着社会文明的进步，婚姻的愉悦功能已经越来越得到强化。不生育了，一样需要婚姻，需要心灵的愉悦，需要有个人相依相伴。

第二，要冲破自我的情感障碍。

所谓情感障碍，首先是与原配偶的感情。特别是一些丧偶的老人，对原配偶的感情往往是正面的、肯定的，因而难以忘怀，难以割舍，而且还会心存疑虑：我再找个老伴是不是对不起对方啊？其实，人的感情是具有兼容性的。“不忘老朋友，欢迎新朋友。”这句话正好说明了这一点，也可以借鉴为再婚者的情感生活的选择。

情感障碍，还表现为与儿女的感情。由于担心自己再婚伤害了骨肉亲情，也会形成自己心理上的障碍。其实，老年人再婚并不影响骨肉亲情。从现实情况看，那些支持老人再婚的子女也感受到，既让老人找到了晚年幸福，又减轻了自己的心理负担，更好地表达了自己对父母的爱，亲情还是一样美好。所以，从感情上说，老人再婚对子女没有什么伤害。

这样说来，老年人的再婚遇到了障碍，最好不要片面地责怪儿女不孝，还是要先冲破自己的心理关。我看您也有这方面的问题。如果自己客观上具备再婚的条件，那么，只要冲破自己的心理关，说实话谁也拦不住。而且，一旦自己勇往直前了，儿女不仅拦不住，兴许还会为您开路呢。

老年再婚怎样突破自我中心

心灵困扰：再婚怎样找到适合自己的老伴？

马老师好！我是个年近七旬的老人，上班的时候从事文化教育工作，目前身体状况还不错。几年前，我的老伴因病故去，悲痛之余我还得重新面对生活。后来，在朋友的劝说和帮助下，我再次走进婚姻。

可是，与新老伴一起生活没多久，我就厌倦了。我的感觉是，她在感情上不理解我，在生活上也帮不上我什么忙。结果，生活了一段时间还是不行，我们只好分道扬镳。我又过起了一个人的日子。

一个人的日子，清静是清静了。可现在的问题是，我到底已经年迈，岁数一天比一天大了，生活上的确需要有个人相互照应，感情上也得有所寄托。所以，我还是希望能找到一个称心如意的老伴。但是，又不知道怎样找到适合自己的老伴。

心理援助：老年再婚不能只想到自己

您好！非常理解您的心思。我们权当作一次朋友的交流，仅供您参考。好吧？

应该说，您的问题有一定的代表性，老年再婚的确遇到的问题比较多，比较不好处理。如果说，老年人再婚的阻力过去更多地来自外界的话，那么，近年来就更多地来自老年人自身了。与年轻人相比，老年人在生理上逐渐走向衰退，心理上更加敏感多虑，情绪上更加脆弱不稳定，更渴望得到别人的关心，婚姻基础更多依赖于情感需要，而不是生理需要。这些因素都影响了老年人的再婚生活。所以，老年人特别是老年男性，面对再婚应多多注意自我认知的调整。

那么，您需要哪些方面的认知调整呢？

首先要看到，再婚找的是老伴，不是找保姆。

老伴，老伴，相互为伴。老年人再婚应该选择感情上可以沟通的伴侣，而不是生活上只为找一个伺候自己的保姆。曾有一位老先生，丧偶之后一个人觉得非常孤单，而且身体多病，特别希望能找个老伴照顾自己。因此，提出的条件是，找个比他年轻的、身体好的、愿意照顾他的人。看到这样的条件，您就会发现这位老先生是一厢情愿，而且只站在自己的角度来选择别人，并没有把婚姻看作双向的选择，所以他总是不能如愿。这不是给我们的很好的启示吗？

其次要看到，再婚要想到付出，不能只想索取。

老年人再婚也应想到为对方付出什么，而不是只想索取。即使身体不好，也应有精神上的付出。有些老年人再婚后对对方要求多，被动地等待对方关注自己，自己并没有主动关心对方的需要。比如，对方是不是有身体不好或是情绪不高的时候？对方是不是也渴望自己的关心？自己能为对方做哪些力所能及的事？如果能够这样经常地想到对方，对方也会经常为我们这一方考虑。如此彼此积极互动，就会形成良性循环，而不是只为自己考虑，相互抱怨。

再次要看到，再婚要相互宽容，不是单向适应。

老年人已形成自己比较固定的价值观和生活习惯，很难改变，不像年轻人那样易于协调。所以，老年人不要用自己的价值标准来衡量对方，要尽量调整自己的观念，要尊重对方的性格爱好，彼此宽容。尽量与对方一起活动，增加共有时间。

有一位老先生的再婚妻子比他年轻，性格外向活泼，喜欢参加一些社交活动。老先生就觉得妻子忽略了自己，而且对妻子的行为看不顺眼。他不愿意与妻子一起参加社交活动，也不经常和妻子交谈，久而久之就产生了许多矛盾。还有，老年夫妻性生活少于年轻人，但是，感情、精神方面的交流应该更多些，比如，饭后一起散步，一起听音乐，一起去逛公园，等等。总之，要多一些宽容，多培养共同业余爱好。这样才有利于感情的培养。绝不要认为是老夫老妻了，就减少感情上的沟通和交流。

最后要看到，再婚不要只看劣势，还要看优势。

老年人还要克服自卑心理，不要总关注自己缺乏什么，而应多关注自己还拥有什么。由于老年人的身体日渐衰老，有这样那样的疾病，自然会有消极、悲观情绪，觉得自己不能为别人做什么了。但是，实际上还有另一面，老年人有丰富的生活阅历，有丰富多彩的精神世界，因而不应在年龄面前服输。如果自己对自己都失去了信心，那么在别人眼里还怎么有魅力？

总之，老年人面对再婚，不能只想到自己，不能一切从自我出发，应该经常这样问问自己：我替对方想了吗？我给了对方什么帮助？用心理学的话说，就是要突破自我中心。您说是不是这个理儿？只要做好了如上的认知调整，相信您一定能找到适合自己又能相互帮助的好老伴。祝福您！

总怀疑老友不忠怎么办

心理困扰：我到底该怎么办才好?

马老师好！我是个失偶的老太婆，今年60多岁，孩子们都在外地。退休后不久老伴就去世了，我一个人生活了这些年，每天晚上真的有点孤灯清影。

经过多年的孤独生活，好不容易认识了一位兴趣相投的失偶老头。他的条件比我好得多，在交往的两年多时间里，他事事都关爱我，使我觉得每时每刻都离不开他了，好像那种相依相恋的感觉。这让我们都感到很幸福。

但是，后面我发觉不对头了。人到老年，有这样的希望形影不离的感觉，原本也是好事。可我的感觉好像不是那种一般的离开就想念，总感觉有点怪怪的。一旦离开他半天，甚至只有两个小时，我就会认为他和别的女人去玩。就这样，我总有一种猜疑，以为他对我不忠，另外还有女人。

每当有这种想法时，我会想很多办法去证实。比如，不分昼夜打电话给他，如果没接，就直接去他家打听究竟；再比如，在他家做几个记号，一旦发现标记不见了或者移位，就会怀疑是别的女人搬动了。反正只要出现这些情况，我就会大吵大闹。而他一般都会摆事实，讲道理，抚平我心中的不满。平静下来，我也觉得是我多疑，他不是那样的人。可是我就是总闹出那样的猜疑。有一天，因为发现他的被子好像不是我的那种叠法，我又怀疑他对我不忠，和他闹了起来。看到我伤心的样子，他既痛心，又生气，最后导致心脏病复发。当时我一下子就感觉很后悔。

其实，他不止一次劝我相信他，可我总是做不到；想和他断绝交往，但行动上又做不到。我到底该怎么办才好？

心理援助：找到心理原因对症下药

您好！您总是怀疑老友对自己不忠的心态，在心理学上叫作“嫉妒妄想”，是一种认为配偶对自己不忠而另有外遇的病态信念。嫉妒妄想常常表现为对配偶的跟踪、盯梢，或是暗中检查配偶的衣物、信件、电话等，以找到配偶私通情人的证据。

嫉妒妄想表面上看起来好像是平常说的吃醋，其实，与平常的吃醋不是一回事儿。平常说的吃醋有一定的度，并且往往事出有因，推理符合正常思维逻辑。吃醋的结果，或者得到了证实，或者消除了误会。而嫉妒妄想则不然，即使有确切证据证明配偶无外遇，也难以消除猜疑。基于嫉妒妄想的推理十分荒谬，不符合逻辑，怀疑的依据捕风捉影，猜疑的对象十分广泛而且离奇。

这样的心态，不仅给对方造成痛苦，也给自己造成痛苦。因此，您希望找到解决的办法。我非常支持您的这种积极想办法解决问题的态度。但是，要想找到解决的办法，就得先找到造成这种心态的原因。

究竟是什么原因导致您的这种心态呢？

本来，这应该是通过当面咨询，在互动的交流中来探讨的。这里只能就几种可能的情况做一个分析，请您自己对照来选择解决的办法。

说起嫉妒妄想的原因，情况比较复杂，原因很多。有的属于精神分裂症的症状，有的属于脑部器质性病变，有的则属于心理障碍了。

单就心理障碍来说，出现嫉妒妄想的人大多存在人格方面的问题。有的具有自卑型人格特征。这样的人因为各种原因，如能力差、条件差、性能力差等，使自己严重缺乏自信，内心缺乏安全感，就容易由猜疑配偶不忠发展到嫉妒妄想。有的具有依赖型人格特征。这样的人对亲近与归属有过分的渴求，缺少独立性，对他人过分依赖，经常担心被人遗弃，也就容易猜疑对方而导致嫉妒妄想。有的则属于妄想型人格，也叫作偏执型人格。这样的人固执死板，敏感多疑，心胸狭隘，容易嫉妒、猜疑他人，自以为是，不能客观地分析问题，容易从个人感情出发，主观片面性大。这样的人在家庭生活中，就容易怀疑自己的配偶不忠，导致嫉妒妄想。此外，还有的是一种自我心理防卫。这样的人可能本身有过外遇行为或者有外遇想法，为了减轻内心焦虑，维持自我心理平衡，就会通过投射作用这种心理防卫机制，把自己内心的东西向外投射到配偶身上，就会猜疑配偶外遇从而导致嫉妒妄想。

现在我们再来逐一对照原因，尝试找到您应该采取的心理对策“对症下药”。

从您的主动求助以及您来信的行文判断，可以排除精神分裂症，至于脑部器质性病变的情况很少，估计您也不是这种情况。剩下的就是心理障碍了。由于未能当面咨询，所以您存在哪方面的心理问题，就需要您自己来“对症下药”了。

下面的建议请您考虑：如果您有自卑型人格特征，就需要从增强自信心入手；如果您有依赖型人格特征，就需要从增强独立性入手；如果您有偏执型人格特征，就需要从开阔心胸入手。这样心理调整的结果，可以帮您逐渐减少对对方的猜疑。当然，这需要一个过程，要慢慢来。就您来信的情况推断，由于您比较长时间的孤独生活，很可能存在对对方的依赖心理；由于您觉得对方条件比较好，很可能存在我不如人的自卑心理，因此应在增强独立性和自信心方面，多一些自我调整。最后，如果是自己有过外遇行为或外遇想法，就需要从逐渐学会重新接纳自己入手。一般说来，内心对自己多一份接纳，对别人就会少一份猜疑。

此外还有一点，也是最重要的一点，建议您如果情投意合，还是确立婚姻关系为好。虽然因为这样那样的原因，确有一些老人非婚同居，但是这种关系让当事人普遍缺少安全感。也许，您的问题就与此有关。其中的道理很简单，一纸婚书虽然很轻，却可以给人安全感，所以，有助于您减少猜疑，安享再婚生活。

由于这个问题的特殊性，只能为您提供这样的分析和帮助。知道您是一位有知识的老人，相信您会从交流中找到自己自救的对策，也相信您会更好地处理好双方的关系。

非婚同居，怎样让心安居

心灵困扰：下一步我可怎么办啊?

马老师好！这些天来，我心情格外沉重，向您诉说诉说。

三年前，经人撮合，我和老李我们两个丧偶的老人走到了一起。我很看重这份情缘，就专门卖掉了老家的房子，来到了北京。我们走到一起时，双方的儿女都没有太多的反对，因为老李的一双儿女，一个出国，一个工作又很忙，没有时间照顾老父亲，我的到来，无疑帮了他们很大的忙。

其实我们当初也想过领个结婚证，可是大张旗鼓地结婚登记，怕儿女们会觉得尴尬，于是结婚登记的事情就搁下了。

虽然没领证，但我们感情很好。后来发生了一件事情：老李身体不好，去做了一次体检，经医生确诊，老李得的是癌症。我自己的儿女们知道这个消息后，都劝我离开老李，但是我没那么做。老李那么老了，儿女们又没有时间照顾他，现在又得了这样的病，如果我也不管他，那老李也就太可怜了。我敢说，我的细心照料让老李最后的三年过得很好。一个月前，老李还是离开了这个人世。

我几乎不能接受老李去世这个事实。然而，就在这个时候，老李的儿子提出了一个让我更加伤心欲绝的要求：父亲已经去世，希望我尽快把我们住的房子腾出来。

当初他们兄妹两个对我千恩万谢，并且表示无论以后父亲在还是不在，我都可以放心地住在这个房子里。可是现在，他们却提出让我走。为了和老李在一起，为了能更好地照顾他，我把老家的房子卖了，现在这儿也不让我住了，那我该住哪儿呢？

可能因为看我岁数大了，他们没有强行让我搬家，却起诉了。这更让我难过。当初是为了不让他们兄妹两个为难，才没有结婚登记的，可是现在老李去世了，竟然因为没有进行结婚登记，就连房子都没法住下去。后来我知道了，没有进行结婚登记算是同居，因此，如果打官司，我肯定得输。唉，下一步我可怎么办啊？

心理援助：老人理性应对，子女正确对待

您好！您的非婚同居的故事让人感到很沉重。鉴于您是位有知识的老人，我们就比较深入地聊聊这个话题，但愿对您有所帮助。

单身老人为什么要选择非婚同居呢？

从外在因素说：一是为了规避经济纠纷。老人再婚后面临许多经济方面的问题，如赡养责任、财产分割等问题都会造成纠纷。于是，一些老人害怕再婚后经济纠纷更为严重，对双方造成太多伤害，只好选择非婚同居。二是为了避免亲子冲突。有的子女出于经济利益的考虑或者传统观念的影响，对老人再婚持反对态度，不允许外人进入自己的家庭。不少老人因顾及子女的态度，只好不再考虑进行结婚登记。三是因为社会宽容。人们对老人非婚同居越来越宽容，给老人创造了相对宽松的舆论环境。

从内在心理因素说：一是缓冲心理。有的老人希望通过非婚同居彼此深入了解，看看双方生活方式、性格习惯等是

否能适应，以便相互磨合，有个心理缓冲。这样的非婚同居，从一定程度上减轻了老人的心理压力，又给了老人相对自由的空间，以便最后作出决定。二是草率心理。有些单身老人渴盼老来有个伴，又怕再婚后引发经济纠纷，就抱着合则聚、怨则散的心态，选择了非婚同居。由于草率同居，对己对人都缺乏负责态度，不会真正地投入感情，往往屡试屡败。三是交易心理。有少数非婚同居出于一种交易心态，一方主要是为了满足性的需要而同居，不重视感情甚至玩弄感情，把同居当作无所谓的事；另一方选择同居是为了利益的需要，有的图对方的存款，有的图对方的住房，有的图对方能照顾自己等。四是无奈心理。有的老人有较强的再婚意向，却受到强烈的外界阻挠，于是为实现再婚的愿望，以同居表示对抗。有的老人怕别人说闲话，怕对子女影响不好，无奈中选择了非婚同居。五是盲目心理。少数老人同居是盲目追风，或是不懂法律盲目同居。

非婚同居可以慰藉单身老人孤独的心灵，在一定程度上解决了子女和社会其他方面难以解决的老年人生活尤其是精神生活上的问题，同时避免了一些矛盾。同时非婚同居也问题多多，比如，因为不受法律保护，不利于保护当事人双方的合法权益；当双方出现矛盾无法继续同居下去时，容易引发财产纠纷等诸多问题；大多数单身老人同居害怕被外人知道，与社会有不同程度的疏远，一旦关系破裂心理伤害更大；老人同居时彼此带着防范的心理，失去应有的坦荡和真诚；还可能给一些个别人以可乘之机，打着同居的幌子骗取感情和钱财，伤害对方。

那么，老年非婚同居怎样才能平安走过呢？

首先是老人要理性应对。

一是做好心理准备。千万不能光顾非婚同居的“快乐”，而忘了非婚同居可能的“痛苦”，对非婚同居的种种不利，要做好充分的心理准备，以便主动采取措施。二是增进相互了解。充分了解对方的性格爱好、生活习惯，以及不良嗜好，像年轻时婚恋那样，“打牢基础再建房子”，同居之后，放开心胸，善待对方对过去的留恋之情，善待对方的子女。三是明确同居的动机。同居或再婚就是找个合适的老伴过日子，不要想得太多，不要把对方当提款机，当饭票。四是做好子女工作。不要瞒着子女，要增进与子女的交流，要做好他们的工作，让子女有充分的心理准备。五是争取社会支持。和自己的亲友沟通，赢得他们的理解和支持。还要了解清楚对方的子女和主要社会关系，力争尽快得到对方子女和亲友的认同。六是事先厘清账目。同居前把双方的房产等进行法律公证，与双方子女做好协商，或事先立好遗嘱。七是争取正式结婚。如想与对方长相厮守，还是尽快去民政局领取结婚证，早日告别非婚同居。

其次是子女要正确对待。

一是理解老人。作为子女，父母给予了生命，应该以感恩的心对待他们，应该明白，儿女之孝与夫妻之爱是完全不同的，是不能互相替代的。给父母提供再优裕的物质生活，也比不上给他们找个老伴。二是坚定自立。为人子女，不要总是盯着老人的房产与存款，那毕竟是他们一生的辛苦积蓄，他们有权利自己处置。年轻人最好通过自己的努力奋斗，去改善自己的生活。三是妥善解决。如确有必要，可将有些问题充分协商后签了协议并进行公证，从而促进老人再婚，也就避免了非婚同居的麻烦。四是宽容善待。长辈再婚后，做子女的要尊重、善待老人的另一半，和他们搞好关系，提供力所能及的帮助。五是积极协调。遇到再婚老人之间发生摩擦，应该诚恳地与对方的子女取得联系，共同做两边老人的工作，和谐双方关系。老人晚年生活幸福了，不正是做儿女的福分吗？

希望上面的交流对您有所帮助，您会有很多反思。就您现在的情况说，确实比较复杂。事已至此，我以为，第一步是借助社会调解机构，与老李的子女协商。如果不成，那就面对现实，重新回到自己的儿女身边。您看呢？

老年人怎样善待夫妻性生活

心灵困扰：我们该怎样走过性生活的困扰?

马老师好！我刚退休两年，我老伴今年刚满 58 岁。虽然我们都算是比较开明的人，可是，说起来还是有点不好意思，我们已经很长时间不能很好地过夫妻生活了。

主要的问题是，我和老伴对此很有顾虑，怕影响身体健康。再说，老伴的阴道分泌物太少，让两个人都很不舒服。这个问题让我们很苦恼。请问，老年性功能能保持到什么时候？老年性生活怎样才算适度？老年人怎样可以使性生活和谐？

心理援助：老年性生活的关键是心理问题

您好！性生活能否和谐，这是不少老年夫妻面临的问题。讨论这样的问题天经地义，没有什么不好意思的。您作为老年人能讨论这样的问题，本身就是为自己营造幸福的实际行动，值得提倡。老年人应该享有和谐的性生活。老年人的性生活能否和谐，关键是心理问题，是认识问题。所以，我们就分别讨论下面几个问题。

第一个问题是：老年性功能能够保持到什么时候？

答案是：性和爱一样，可以与生命共存。那么，怎样才能做到活到老性功能保持到老呢？国内外的性学专家通过大量的研究和调查认为，保持老年性功能的最好办法，是坚持过正常的性生活，不要停止性生活。研究者发现，许多从结婚后便一直保持正常性生活的人，到了七八十岁时，性事与壮年时相比并没有明显的变化，只是次数略有减少。研究证明，这是因为经常性交，可以不断刺激雌激素、雄激素的产生及其在体内的平衡，从而使性欲保持在正常水平。另外，经常有性生活的老年夫妻，由于流向性器官的血流增加，改变了局部血液循环，使性器官保持了弹性，推迟了萎缩的时间。所以，有一部分老年妇女的阴道一直保持湿润，未出现干涩现象。相反，不能坚持正常性生活的夫妻，大多会出现性功能减退和性器官的过早萎缩。因此，积极的、适度的性生活，是保持老年良好性功能的最好办法。

第二个问题是：老年性生活怎样才叫适度？

老年人相互依赖感比年轻时更为强烈，这种依赖也包括性生活在内。老年人过性生活，是晚年幸福生活的一项重要内容。那么，老年性生活适度的标准是什么呢？

首先从时间上说：青壮年时期的性生活，一般在晚间进行。但老年人容易疲劳，经过一天的活动，晚上再看会儿电视，就会感到疲乏不堪，连眼睛也睁不开了，怎么还会对性生活感兴趣呢？所以，老年人的房事，宜改在睡了一觉之后，或者是早上起床之前，这时双方都比较容易得到性满足。当然，要根据个人的情况选择不同的时间。

再从频率上说：性交频率应以身体承受能力为准。凡有性要求，又有性行为能力，房事后没有不舒服的感觉，均属正常范围。一般说，60 ~ 65 岁老人，以两周左右一次为宜；65 ~ 70 岁老人，以一个月左右一次为宜。身体好的，还可以根据性欲要求，适当增加次数。总之，以事后身心感觉良好为恰当。

当然，老年夫妻性生活的适度，在性爱方式上也要考虑年龄特点。比如，如果双方确实年事已高，那么，彼此性爱的满足，不一定非要通过性交，还可以通过边缘性行为，比如拥抱、亲吻、抚摸，都可以获得性爱的满足。

第三个问题是：老年性生活要做好哪些准备？

当然，通常情况下老年人的性欲望，一般不如年轻人强烈。因此，性生活前要做好心理准备。一是双方要互通信息，彼此明了今晚要过性生活，使心理上早些有所准备。性器官得到了信号，生理上也会有所反应。这样，从心理到生理都被调动起来了，自然就会“水到渠成”。二是性交前不可饮酒，不可吃得过饱或饮水过多，并且在事前应排空小便。三是如果打算晚上同床，中午应休息好，并且晚上不要看电视到很晚，以免因疲乏而受到影响。有条件的，最好洗个澡，以增加皮肤的洁净和光滑。四是由于老年人的性冲动要比年轻人来得慢，这就需要事前要有一段比较长的爱抚时间。比如，相互拥抱，抚摸性敏感区，同时说一些情话，当双方有了激情后再行房事。

另外，在性生活过程中也要注意以下几点。

一是调控节奏。人老了不能像年轻人一样，性交动作不宜快，不宜猛，应柔和缓慢。抽动几下后，应稍作休息。整个时间也不宜长。二是注意姿势。以侧位为好，可以节省体力，避免身体过度的屈曲和伸展。起身不可太突然，头部有眩晕不适感时，要及时停止。三是相互配合。老年人行房事，最重要的一条是要互相配合好，要你恩我爱，互相体贴，才能使性生活和谐。万一男方出现了某种障碍，造成性交失败，女方要温存体贴，千万不可流露出不满或说不中听的话，否则会加重男方的心理负担。

老年女性如何对待性生活

心灵困扰：难道是我的做法错了吗?

马老师好！这个话题难开口，可还是要跟您说。我今年60来岁，身板硬朗，精力旺盛，自然对性生活的要求比起年轻时并不逊色多少。这可苦了我老伴。因为她已绝经多年，性能力有所下降，每次性生活后阴道都会灼痛两三天，所以，对我的性要求有着本能的反感。于是我就总是想法子调动老伴的“性”趣。老伴开始还能勉强接受，到后来就骂我“老不正经”，并坚决跟我分床睡。

怎么办呢？在一位老友的提醒下，我到当地性保健品商店买了一瓶阴道润滑液。一次行房时，老伴发现与以往不同的是，我不再“急于求成”，而是温存地抚摸她，然后掏出小瓶在她眼前晃了晃。她不解地拿起放在床边的说明书，看到“阴道润滑液”几个字，她不由得勃然大怒，一把抓起那瓶阴道润滑液，狠狠地扔进了垃圾桶，说坚决不同意我用这类变态的玩意儿！结果，让我很长时间都打不起精神，与老伴的感情也蒙上了阴影。这让我非常困扰。您说，难道是我的做法错了吗?

心灵援助：老年女性该正确对待性生活

您好！不少老年朋友有类似您这样的困惑。是的，究竟是您错了，还是您老伴陷入了误区？老年朋友该怎样走过这样的困惑呢？这实际上涉及一个老年女性如何对待性生活的问题。我们就来谈谈这个问题。

女性闭经之后，有相当一部分人对性的反应逐渐减弱，比如，性欲不那么强了，阴道分泌液少了，等等。这固然有生理方面的原因，但主要是心理方面的原因。

女性和男性一样，性事是人生中不可分割的一部分，从成年后到老年都是存在的。从生理角度说，进入老年期的女性，仍可保持正常的性生活。而且，性功能也遵循“用进废退”的规律。日本东京大学的一位研究者认为，和谐的性生活能刺激更多的雌激素分泌，有助于防止脑衰老，有助于避免生殖器官的萎缩，有助于减轻阴道干涩等不适症状。

因此，老年女性应随着年龄的增长，重新调整，以适应老年期的性生活。关键是认知调整。您的夫妻性生活障碍，就是您老伴对性生活认知误区造成的。所以，老年女性应该善待与老伴的性活动，对老伴的性要求，不但不应冷淡或拒绝，而是应该主动热情，积极配合，把性事当成晚年的一种乐趣。这样，性生活会多一份和谐，多一份幸福。

当然，有个不容忽视的事实，那就是女性绝经后，由于卵巢的萎缩，雌激素减少，会使阴道发生变化。如阴道的长度和宽度有所减少，阴道壁变薄，弹性减弱，尤其是在闭经前阴道开始变得干燥，而且阴道分泌液产生的速度、量都明显降低。在这种情况下进行房事，不但男女双方都不舒服，得不到快感，还可使双方性器官感到疼痛、不舒适，甚至成为一件痛苦的事。

因此，应了解这一生理变化，从而采取弥补措施。阴道干燥的女性，切不可在阴道未湿润的情况下性交。双方应先进行爱抚，使阴道腺体分泌增加。待阴道湿润后再进行性交。当然，也可以在阴茎和阴道口涂点润滑液。从这点说，您的做法是可行的、无可非议的。但是，由于老伴的不理解、不配合，老两口品尝了原本不该品尝的苦酒。

说到这里，建议您不妨找个适当的机会，把这封信给老伴看看，来促进双方的沟通和交流，从调整认识入手，来改善性生活。

第二部分　子女成人：把生活还给孩子

人到老年重新学习做父母

心灵困扰：我们母女关系究竟哪里出了问题？

马老师好！觉得我们年龄差不多，有个心事也想和您说说，您应该可以帮助我。

是这样的。我是一位退休的老人，退休前在一所中学任教。近一年来，提起独生女儿，我就情绪低落，甚至控制不住痛哭流涕，而且不愿见亲戚朋友，总感觉丢人。我女儿在银行工作。去年她舅舅家的表兄把一笔钱放在她那里，准备存进银行。可是，女儿刚好跟男朋友需要一些钱，就临时挪用了这笔钱，没有及时存入。我知道此事后非常生气，为女儿担心，担心女儿犯更大的错误，认为女儿交的男朋友不可靠，女儿做的事对不起我的娘家哥哥。因此，一直不愿见娘家人，将近一年没与自己哥哥来往了。为此，弄得我情绪忧郁，想起这件事就控制不住哭泣……

女儿从出生后就多病，作为母亲我自然对女儿太多地爱护，从精力上及经济上都曾为女儿付出很多。于是，也就总希望女儿一切都会好。我自己本来就是个要强、要面子的人，做事总是很守规矩。女儿的爷爷、姑姑都在银行工作了一辈子，很有声望。现在担心女儿把好传统丢了，担心女儿的男朋友会把女儿带坏。于是，我联想到，这次女儿敢挪用表兄的钱，将来就可能挪用公款，后果不堪设想……

女儿承认这个事做得不对，但认为这是她与表兄之间的事，也不是什么大事，自己已长大了，会处理好这些事，认为我没有必要这么担心。我们谈了很多。想想也是，女儿已长大，她会对自己的前途负责的，自己也不必过分操心。可是，我以前是怎么了？我们母女关系究竟哪里出了问题？我以后该怎么办？

心理援助：适应与成人子女的关系转化

您好！很高兴您对女儿有了理解。您说的这个问题，从表面来看，是母亲担心女儿挪用别人的钱款，怕从道德上说有什么不好。但是，这实际上反映了，您人到老年和成年女儿的亲子关系问题。

一般说来，随着孩子的成长及父母本身的年龄增长，亲子关系会经历几个不同的阶段：孩子出生后的断奶分离阶段；童年时期的心理依恋阶段；青春期的疏远独立阶段；结婚后的离别成家阶段；父母年老以后的亲子关系反转阶段。可是，在您心里，对已成人的女儿的关系，还停滞在童年阶段，把 20 多岁的女儿还看成一个需要照顾的小女孩，没有及时地进行亲子关系的调整。这是问题的关键。很多家庭多多少少都有这种倾向，年老的父母不能适应这种亲子关系的转化。

作为父母，应该让已经成人的子女对自己的生活负责，父母不用过分关心，也不要把全部感情投入子女身上。就是说，人到了老年以后，需要很好地适应与已经成人的子女的关系转化。

那么，作为老年父母，您怎样调整与成年子女的关系呢？

首先，您要主动适应从“纵向关系”到“横向关系”的过渡。

父母进入老年的时候，一般子女都已经进入成人阶段，而且多半都已经结婚成家。由于他们已经是比较成熟的大人了，您要摆脱以前长者的角色，逐渐放弃以前那种大人与孩子之间上下的“纵向关系”，重新建立成人与成人之间平等的“横向关系”，主动地适应这种过渡。

也就是说，要建立一种类似平辈之间的相互关系。相互保持足够的独立性，相互尊重彼此的想法与意见，不要像子女小时候那样，一味要求他们服从，对他们太多地管束。最好能相互交换意见，相互关照，相互影响。特别在科学与技术非常发达的现代社会里，很多事情您也许要靠子女的帮忙，才能更好地适应现代的生活呢。

其次，您要主动地适应亲子之间的“关系倒转”。

亲子之间从“纵向关系”转到“横向关系”，亲子关系的转化还没有停止。等到您的年岁再大些，您的子女多半都已经进入壮年期，甚至进入中年期了。作为父母，您有些事情要开始让子女甚至孙辈来照顾了，必要时，甚至还得让子女替您做重要的决定。特别是到了更加年迈的时候，甚至要成人的子女来全面照顾了。换句话说，年老父母跟成年子女的关系，进一步发生了改变，直到最终整个“倒个”了，这就是亲子之间的“关系倒转”。

随着这种亲子关系的倒转，需要老年父母在心理上及时地进行调节，以适应老年生活。比如，在生活各方面可能要依赖子女了，还要多少听他们的意见，甚至还可能受子女的一些约束。特别是到了思考与判断力不如从前，对自己的生活照顾有点困难时，对于如何支配经济的问题，如何居住的问题，要不要请人来帮忙做家务等，都要靠子女操心和安排了。在这种情况下，做父母的人，如何既保持长者的尊严又接受子女的照顾，往往需要微妙而恰当的心理适应。而且，对于更加年老之后需要完全依赖子女的有关生活问题，还需要趁早做出必要的安排和决定。

最后，您在亲子关系上还可以发挥“余热”。

虽然随着您的逐渐年老，可能要更多地依赖自己的子女了，但是，您也不要认为自己的人生对子女就没有意义了。作为“过来人”，您还可以把过去的人生经验提供给子女，帮助子女对生活多一些间接经验，多一些心理准备。最起码，您的老年生活经历，对于子女不久也将步入的中老年阶段的生活，也是有益的精神营养。这样您会发现，子女还是一样地关爱着您。

您看，到了老年的人，虽然您在亲子关系方面往日的地位不再了，但是，子女永远是您生命的延续。有了子女的爱，您的晚年会一样的幸福！

怎样告别儿子啃老的忧愁

心灵困扰：对这样的儿子该怎么办？

马老师好！有件让我们犯愁的事儿，想和您说说。

是这样的，我们唯一的儿子，今年30岁了。按说该成家立业了，可现在还是一个人。他每天上班时不好好工作，下班了就上网。更让人发愁的是，发了工资也不交给家里，每月他爸还得替他交电话费。也不知他的钱都花到哪儿去了。说他，他要么把耳麦戴上，玩游戏；要么找个借口躲出去，一连几天也不回家。我们夫妻俩很难受，不知该怎么教育他。可把人愁死了！

去年年底，他们单位补发工资7000多元，我们连影都没见着，他就花没了。问他都买什么了，他说和朋友玩，花了。他爸问他，你这么乱花钱，拿什么娶媳妇？他回答说，娶媳妇的钱得父母拿。我们老两口的退休金合在一起才4000元，除了日常开销，哪儿还有多少余钱？我们从小心疼儿子，不管日子怎样，从不让他吃苦。看他该娶媳妇了，我们勒紧裤腰带给他攒钱。出门渴了，连瓶矿泉水我们都舍不得买，都是自己带水。可他都这么大了，怎么一点不知道攒钱，光知道指望父母，这不就是人们说的“啃老”吗？您说，对这样的儿子，我们可该怎么办？

心理援助：父母转变观念，促使儿子独立

您好！您的感觉没错。俗话说，三十而立，您的儿子已经到了而立之年，还没有一点自立之心，还一味地指望父母，可真说得上是啃老了。

孩子为什么会这样啃老呢？

就他个人说，属于心理年龄不成熟，没有形成应有的社会角色和自我意识。所谓社会角色，就是一个人的行为与心理符合社会的期望。说白了，成年人应该有成年人的样儿。所谓自我意识包含三方面：自我认识，自我体验和自我控制。您孩子表面上看是花钱没计划，生活指望父母，实质上，是没形成自己的社会角色，不能按成年人的标准来要求自己。所以，他也体验不到社会角色带给他的责任感。于是，也就没有了自我控制。于是，就表现为不知道攒钱，一切都指望父母了。

进一步说，孩子所以这样啃老，根源还是在父母身上。

在我们的亲子关系中，有一种根深蒂固的亲子一体化心理倾向。虽然孩子从降生起，与母亲身体连接的脐带已经切断，但是，亲子之间有一根似乎永不消失的心理上的“脐带”，让亲子成了心理上的“连体人”，彼此都失去了应有的独立性。于是，亲子之间彼此的权利与责任界限几乎消失了，于是，我就是你，你就是我，我的就是你的，你的就是我的。

由于这种亲子一体化心理，一方面，使父母认为穷其一生的努力就是为了子女；另一方面，让子女以为接受父母的一切也是理所当然。于是，一面是子女心安理得地啃老，一面是父母心甘情愿地被啃。正所谓“周瑜打黄盖，一个愿打，一个愿挨”。

而且，在亲子一体化心理中，与其说是子女缺乏独立意识，不如说是父母更缺乏独立意识，或者说，是父母对子女的强烈的依赖意识，“培养”了子女对父母的依赖意识。于是，“啃老”便是必然的结果了。

啃老是对生活的逃避，逃避的直接结果是得到了家庭庇护这样暂时的“好处”。人的行为一旦得到“好处”，就会被强化。于是，啃老成了一种“持久战”。像您儿子那样，如果不采取有力措施，这样继续下去，啃老将永无终日了。现在不是有些已经三四十岁的人还在啃老吗？子女如此啃老，是不是我们当父母的也有责任？

如果您同意上面的分析，那我们该怎么办呢？

首先是从父母做起。

一是转变观念。父母首先需要从根本上转变亲子观念，积极进行自我心理调整，真正切断亲子之间的心理脐带，彻底破除亲子一体化心理。父母要深刻认识到，即使亲情再浓，两代人也是彼此独立的人，父母的责任是有限的，父母的义务是有限的，父母的能力是有限的；子女的生活要自己开创，子女的人生要自己营造，子女的道路要自己走。父母观念的转变，会促进子女及时心理断乳，促使子女走向独立。

二是调整角色。随着子女的渐渐长大，父母不要总是扮演强者的形象，而应该有意识地调整角色定位，让子女意识到父母并非无所不能。父母正在变老，正在变得许多事情已经力所不及，正在变成一个弱者。父母的主动示弱，会加速子女的心灵成长，促使子女成为强者。

三是及时“断炊”。观念转变了，角色调整了，接下来自然就需要父母狠狠心来给子女“断炊”，狠狠心把子女推出家门，明确约定：子女成人之后不管怎样必须自食其力。这样，子女才能真正走上独立的人生。反之，家庭庇护这种暂时的“好处”恶性循环的结果是，让子女越来越没有动力去工作，越来越甘愿靠在父母身上啃老。

四是学会拒绝。经过上述种种努力，如果有的子女由于积习成性，还要强行啃老，父母就要学会说“不”，明确而坚决地拒绝。只要父母坚决说“不”，不仅救了自己，而且，还会促进子女学会自食其力，学会自己走自己的人生路。

当然，子女也要主动自救，主动促进自我成长，主动学会自我控制，主动学习担当自己的人生。为了帮助孩子，您老两口可以和儿子好好谈谈。一是客观地承认过去对儿子教育的不足，表示父母要从自己做起，坚决改变自己的态度。二是指出儿子存在的问题，引导儿子逐步培养自己的社会角色，拿自己当个大人，担当起自己的责任。三是商定哪些开支必须自己负责，帮助儿子做个理财计划，重新学习怎样花钱。这样，孩子会逐渐地心理成熟起来，逐渐地学会自我控制，逐渐地学会自立，您也就不会再为儿子“啃老”发愁。

为何感觉亲情天平失衡

心灵困扰：爱为什么没有得到应有的回报？

马老师好！看过您的文章，感觉您能把话说到我们老年人的心里。所以，今天也向您说说我的心里话，希望听听您的看法。

我们是个五口之家，我们老两口，儿子和儿媳小两口，还有个小孙女。儿子结婚成家了，我们也先后退休回家了。按说五口之家也算和睦，孩子们也算懂事，可是我总有点心理失衡的感觉。对，心里总有点不平衡的感觉。总感觉儿子给我们的爱，总不如我们给儿子的爱那样多。

回想儿子小时候，一把屎一把尿把他拉扯大，那是怎样地爱他呀！我们心里只有他，我们一切都是为了他，真是把所有的爱都给了他。可是，如今儿子长大了，好像心里忘了我们，比如，当初考学，毕业后找工作，对了，还有找对象，总是有自己的想法，全然不顾我们老两口的感受。

现在他大了，有本事了，却嫌我什么都不懂了。有时候问他什么问题，动不动就会跟我大声说："说过好几遍了，您怎么还不懂啊？"

再有，自从有了小孙女，儿子当了爸爸，对自己的宝贝比对我这个妈妈温柔多了。我们都爱这个小孙女，他当爸爸的能对孩子温柔，也是应该的。可是说心里话，我总是有那么点酸酸的感觉，儿子可很少对我这样温情脉脉、笑逐颜开啊。至于儿子对儿媳的温情就不说了，咱不能吃这个醋。

虽说儿子总体还好，对我们还算孝敬，可我心里总是感觉亲情天平失衡了，我们付出的爱为什么没有得到应有的回报？对此您有什么想法和建议？

心理援助：为子女自愿付出不求回报

您好！感谢您的信任。我也是老年人了，所以，我们会有更多的共同语言，也会有更多的相互理解。您说的感觉亲情天平失衡的问题，很有意思，也很有普遍性，做心理咨询工作时常常听老年朋友谈起这样的问题。如果从孝道角度说，那没说的，羊羔有跪乳之恩，乌鸦有反哺之义，子女应该无条件孝养父母。问题是，这种感觉亲情天平失衡的现象，乍看起来好像是个子女不够孝敬父母的问题，其实从心理学角度看，是情有可原的，是可以理解的，是不能简单地归结为孝道问题的。

那么，为什么会有感觉亲情天平失衡的现象呢？

我们先从社会心理角度说。

从社会发展来看，为了更好的种族延续，人们需要对弱小生命更多关注与呵护。所以，在代际之间往往有一种潜在的社会心理倾向，人们会自觉、不自觉地对下一代有情感倾斜。一个最普遍的表现是，为给孩子买房娶媳妇，不要说父辈，就是祖辈往往也心甘情愿吃苦。这种情感倾斜，有其生物学根源——不这样倾斜，种族将受到灭绝的威胁。在人类社会，为了避免亲情天平的过于倾斜，就要用孝道来加以调节了。

再有，随着社会的发展，代际心理关系也在发生着变化，出现了代际之间双向自立的心理倾向。具体表现就是“养儿防老”的观念在逐渐淡化，更多的父母越来越多地从物质上和精神上，在为自我的老年生活做出相应的准备。有的老年人和儿子签订了《亲子双向自立协议》，正是这种社会心理倾向的反映。

我们再从个体心理角度说。

首先有个角色心理期待问题。一方面，从孩子出生就发生的亲子互动中，让孩子感觉父母无所不知，无所不能，无往不胜。绝大多数父母也确实扮演了这样的角色。因此，在父母进入老年的时候，由于角色心理期待的惯性，子女可能还没有转过弯来，而忽略了对父母的关照与呵护。另外，由于传统代际观念的作用，父母对子女又会有回报心理期待，当发现子女没有做好这方面的心理准备时，就会感到心理失衡。

其次还有个心理经验问题。我们平时说相互理解，是需要个体生活经验做支持的。一般来说，生活经验总是父母先于子女，子女往往缺少父母曾经的生活经验，因而对父母有时候会缺少应有的理解，并非孝心不够。

如此说来，进入老年的我们该怎么办呢？

一是调整自我期待心理。自觉降低期待心理，为子女自愿付出，别总想着回报。子女小时候，为他们付出爱的时候，其实我们已经得到了莫大的精神回报。子女长大后，帮子女做饭、洗衣、照看孩子，没有不辛苦的，但千万别当着子女的面倾诉。理解不理解的要多些淡定，权当是为社会做了义工。有些事不一定就能将心比心，“尊老爱幼”总是“爱幼”为先，因为“朝阳”总比“夕阳”能让人憧憬。“付出”是送给别人的东西，千万不要想着再“找补”回来，那会让所有人都不愉快。再有，别总以为自己过的桥比孩子走的路还多，别总期待子女像我们一样生活，对子女的事儿多些放手，对子女的观念多些包容。这样，心理期待调整好了，我们就会多些心理平衡。

二是增强自我独立心理。人到老年，别老想着依靠子女，应该早早着手，从精神上、物质上，多做些自我独立的心理准备。

在生活上让孩子多些独立，也让自己多些独立。比如，在交往上多交几个老友，是应当尽早做的事情。当我们不能再随意走动时，依然可以给老友打个电话，去交流喜欢的话题。即使更多的时候独守长夜，也要学会把忍受变为享受。因为今生只有一个人能永远与我们在一起，那就是您自己。独立性强些，依赖性少些，心理平衡就会多些。

三是学会自我表达心理。有时候，子女对父母的不理解，确实是因为子女缺乏相关生活经验。这就需要父母学会适当的自我心理表达，把自己的心理感受和心理需求，特别是进入老年的心理感受和心理需求，明明白白地说给子女听，增进代际之间的沟通。这样就会促进子女对父母的理解，父母也会少些心理失衡。

当然，作为子女孝养父母是天经地义的，也应该尽最大努力理解并照顾好父母。事实上绝大多数子女也都是孝养父母的。上面的讨论只是想说，我们做父母的，如果能从心理学角度来看这个问题，对子女会多些理解，自己心里会多些平衡，进而增进代际关系，家庭会更多些浓浓的亲情。

与子女也要划清界限

心灵困扰：为了钱怎么会闹成这样？

马老师好！我有个心事想和您聊聊。我今年 70 多岁了，两个儿子，一个女儿，都已成家，也都人到中年了。大儿子没有稳定的工作，一直在老家。二儿子和小女儿都在城里工作。我退休前是做文化工作的，现在没事翻翻书，写点东西，老伴照顾家，也算老而无忧。哪承想，因为钱的问题，最近和孩子闹得很不愉快。

多少年来，我和孩子们在钱上都不大计较，谁有事需要钱了来找我，我都会帮一把。最早是二儿子买房，我掏了 8 万元。几年后，小女儿买房子，我又掏了 5 万元。两年前二儿子买车，我又掏了 3 万元。孙辈们也是这样。大儿子家的孙女考上大学买电脑，我掏了 1 万元。去年二儿子家的孙子也上大学了要买电脑，我给了 1 万多元。平时的几千几百元钱，就更不用说了。就这样，孩子们只要张嘴，要多少，给多少。我觉得和自己的孩子，都是一家人，还分什么你的我的，所以也就模糊数学了，只要我有，不给他们给谁，何况老了还要靠他们养老。

现在的情况是，二儿子和小女儿都有了自己的房子，还不止一套。可大儿子还在老家，最近也想买套房子。我就想把我的平房卖了，可以卖三四十万元吧，帮助大儿子买个大点儿的房子，我们老两口也老了，将来就和大儿子住在一起。没想到，二儿子不高兴了，说我的平房卖了也该三家都有份，怎么能就给一家呢？

我说："你哥哥条件不好，就该帮帮他，过去也没少帮你们啊？再说，也不是白给你哥哥，我们还要在那里住到老。你怎么这么没良心？"为此，二儿子跟我生气，说我偏心。更可气的是，居然还说我手里起码还有几十万元，也要分他一份儿。不错，刚退休那会儿老伴经营过一个小店，有些积蓄也都花在帮他们上了，现在就是我们老两口那点退休金，哪儿还有多少钱？怎么越是帮他们，他们越觉得没够了？真是让人又气又恼。您说，怎么会为了钱闹成这样？这可让人如何是好？

心理援助：来个"父子兄弟明算账"

您好！乍听起来，孩子确实有些可气可恼。老人辛辛苦苦积攒起来的积蓄都给了儿女，儿女怎么能越来越觉得不够呢？再说，总是惦记老人手里那点钱，算什么好儿女？难怪您又气又恼。

可是，仔细想想，也不能都怪孩子，就是让您生气的二儿子也不是多没良心。您和子女的经济关系，真的就像您说的模糊数学，您兜里的钱似乎就是他们的钱，而且似乎您兜里的钱从来没被掏光过。如此，从孩子们的角度想，谁不惦记您的钱？谁不以为您还有大把的钱？于是，就难免冒出"三家都有份"的想法，于是，难免冒出您手里"还有几十万"的想法。

您也许会说，难道我过去帮他们帮错了？虽然不能说您帮错了，但确实有点心理误区。您的心理误区在哪里呢？

用心理学的话说，您在处理家人关系上的心理误区，叫作"自我界限模糊"。所谓"自我界限"，是指在人际关系中清楚地知道自己和他人的责任和权利范围，既能保护自己的个人空间，也不侵犯他人的个人空间。自我界限模糊，就会不能清楚地把握自己和他人的责任和权利范围，似乎总是期望与他人融为一体，在心理上依赖他人，也想让他人依赖自己。

具体说来，自我界限模糊有很多表现。其中一个表现就是“一家人不说两家话”“一家人不分彼此”。不错，一家人是应该亲密一些，但别忘了，“亲兄弟明算账”，一家人也需要有个人的自我界限：父亲应该在父亲的位置上，子女应该有子女的样子，丈夫是丈夫，妻子是妻子。如果彼此的自我界限不清楚，就会生出许多麻烦。

回到您的问题上来，表面看来，您的模糊数学，似乎是经济上的界限模糊，其实，从心理根源上说，反映了您和子女在心理上的界限模糊。这是我们中国许多家庭亲子关系上的一个普遍特点。这种亲子关系上彼此自我界限模糊，具体的表现就是亲子心理一体化倾向，亲子之间有一条永远也没有断开的心理脐带，让亲子成了心理上的连体人。于是，在亲子关系上彼此依赖，缺乏独立，分不清彼此的界限。

如果只有一个子女，麻烦也许还可以到此为止。当一个家庭有几个子女的时候，这种心理上的自我界限模糊，就不单单表现在纵向的亲子关系上，还会表现在横向的兄弟姐妹关系上。于是，家人关系上的麻烦就错综复杂了。这种错综复杂的家人心理关系上的彼此界限不清，也就必然会最终导致经济利益上的彼此界限不清楚。家人经济利益上的纷争也就在所难免了，也就出现了您遇到的麻烦。

具体说来，您与子女在经济上似乎是模糊数学，可是，当您现在要帮助大儿子的时候，似乎不再是模糊数学了。您为什么觉得应该这样帮助大儿子呢？显然是您算了一笔账之后，才觉得应该帮助大儿子了。可是，这只是您自己心里的账，对大家来说，真的成了模糊数学。这样的模糊数学，很难不生出许多麻烦。

为今之计，您该如何呢？

不错，如果您真的有的是钱，如果您可以无限地满足子女的需要，当然，您尽可以和子女继续模糊数学。问题是这种可能性几乎是零。因为不用说您没有多少钱，即便您的钱再多也是有限的，而人的欲望是无限的。所以，模糊下去总不是办法。

不错，如果我们都是圣人，不管彼此如何自我界限模糊，也可以避免家人的经济利益纷争。问题是我们都不是圣人，都是俗人。所以，模糊数学在这里不好使了。还是那句话，“亲兄弟明算账”，亲父子也要明算账，而父母与几个子女更要明算账。

说到这里，您也就领悟到，重要的不是跟孩子们生气了，而是现在您需要做两件事：一是心理上划清自我界限。您先反思自己过去在哪里存在自我界限模糊的表现，从现在做起，从自己做起，在亲子之间尝试划清自我界限。这样，不仅可以免去许多经济纷争，还可以让自己的晚年生活少一些依赖性，多一些独立性。就是现在对大儿子的帮助，也应该在心理上划清自我界限的前提下，来进行具体操作。二是经济上不再模糊数学。自我界限不再模糊了，接下来找个合适的时间，把孩子们召集在一起，心平气和地开一个家庭会议，把问题摆到桌面上来，来个“父子兄弟明算账”，商量出一个大家都能接受的方案，必要的话，还可以达成文字协议。如此明算账，如此划清界限，一家人才会多一分和谐。您说呢？

为什么儿女说我偏心

心灵困扰：为什么他们就不理解呢？

马老师好！我是一个70多岁的老太太，有两个儿子和一个女儿，老伴早年过世，是我一手辛辛苦苦把儿女拉扯大的。现在，大儿子在外省开厂，女儿也嫁出去了，小儿子一直和我住在一起。

考虑到我身体不太好，于是就想先把财产（一套房子，大约值20多万元，和15万元存款）分配好。由于大儿子在外地开厂，比较有钱；女儿自从嫁出去之后，生活也过得不错；小儿子生活比较困难，一直和我居住，并负责我平时的起居生活。所以，我想在百年之后，房子给小儿子，另外的存款就大儿子和女儿一人一半。但大儿子和女儿知道后，立刻表示反对。女儿说我偏心，说女儿没儿子值钱；而大儿子以前每次过年回来，就说赚了多少钱，今年一回来，就说经济景况不好，急需钱进行周转。为此，我们开了多次家庭会议，大儿子和女儿强烈要求把房子变卖，和存款平均分配。小儿子则认为他们并没有尽到赡养的义务，坚决不同意他们的要求。

现在，大家的关系闹得很僵，以致大儿子和女儿一见到我就不给好脸色，并扬言如果按我的想法进行分配，就不再负担任何赡养义务。看到大家为了这件事争吵，我真的很心痛。毕竟手心手背都是肉，我只是希望看到自己的子女在生活上的差距不要太大，为什么他们就不理解呢？

心理援助：不妨换个角度重新想想看

您好！从来信看，知道您是一位有知识、有文化的老人，我们的交流会方便一些。您说得不错，手心手背都是肉，谁也不愿意看到为了财产继承问题而相互争吵。但是，恕我直言，这个麻烦很大程度上是您自己留下来的。从来信的字里行间看，虽然不能说您有意偏心，但是，由您提出来多给小儿子一套房产，客观上是有失偏颇的。所以，需要您多多进行自我心理调节。

那么，您怎样进行心理调节呢？我觉得最重要的是破除自我中心，来个心理换位，就是说不要单从您自己这方面，还要从子女的角度来想想这个问题。理解是双向的，您不妨从这几点来换个角度重新想想看。

您的儿女，都有对您赡养的义务，也都有继承您财产的权利。即便有特殊情况，如因为赡养责任大小不同，而继承财产多少不同，也应该是提前有约定。如果您的小儿子负责或者主要负责对您的赡养，按约定多继承一些财产，或可说得过去。不然，都是儿女，您凭什么厚此薄彼，让小儿子多得一套价值 20 多万元的房？究竟是因为小儿子负责您“平时的起居生活”，还是因为小儿子“生活比较困难”？

如果是因为小儿子“生活比较困难”，您想多给他财产，那么，您知道几乎没有哪位老人的几个子女生活境况是一样的，有的差别会很大。您“希望子女在生活上的差距不要太大”的心情可以理解，但是，子女成家立业，日子过得好还是坏，只能由子女自己负责，不应由父母负责。因此，子女之间生活境况即便确有差距，老人可以在感情上或者在特殊情况下，对生活差的子女有所倾斜。但是，归根结底这种差距也不是老人可以平衡得了的，更不能拿分配财产的多少来平衡。这主要是因为，通常老人没有能力来对子女一辈子的生活境况负责。

如果是因为小儿子负责照顾您“平时的起居生活”，您要多给他财产，那么，就等于说大儿子和女儿没有尽到赡养之责，甚至等于说他们是“不孝之子女”。也许事实上他们并非不孝，也许主观上您也不认为他们不孝，但是，您少给他们财产，却必定会产生这样的反响。这样一来，他们少得了财产，还要落个不孝的罪名，您说，做儿女的谁愿意背上这样的黑锅？少得财产的儿女心里怎能平衡？且不说您大儿子和女儿生活条件如何，将心比心地推想起来，他们争吵未必是为了争财产，很可能是为了争一个心理平衡。顺便说一句，除非提前有约定，否则您的小儿子更没有理由自己期望多得财产。难道多照顾父母就是为了多占财产吗？至于自己生活比较困难，别人是不是愿意照顾，那是别人的事儿，自己却不能这样要求别人照顾。

您这样换个角度想想，就会对大儿子和女儿多了一份理解。您不如再召开一次家庭会议，收回您先前的主张，由大家坐下来商量。既然我们不是从法律角度谈财产分割，那么，财产分配当然是可以协商的。假如您小儿子生活确实较差，协商的结果也可以多得一些财产，但是，不宜由您指定，更不宜由您的小儿子认定，而应该让几个子女从手足之情出发来好好商量。这样，也好给您大儿子和女儿一个做好人的机会。总之，亲子之情是一份情，手足之情也是一份情，亲情所致，应该是可以商量出一个大家都能接受的方案的。

孩子不如老子的苦恼

心灵困扰：为什么孩子不如我这个老子？

马老师好！知道您是一位心理学专家，在您的书里也知道您的子女已经成年，才想到和您说说我的心里话，相信您能理解我的苦恼，并给我帮助。

我有两个孩子，一儿一女，现在都成人了，都工作了。两个孩子虽然品行都不错，身体也好，但是，就是事业发展不理想，都是很一般的工作。虽然孩子们都能自食其力，但是，看不出有什么大的前途。想起这一点，我心里就很失落，有点想不开。虽说我也是一个普通百姓，但是，经过几十年的努力，终归在自己的事业上有了点成就，有了点名气。对孩子们，我也很注意教育、培养，想方设法让他们去好学校。孩子们对学习、对工作，也算是努力的，但是，念书的时候就不行，现在的发展也不如我，更不会超过我了。

我知道，望子成龙，望女成凤，更多的时候不过是一种美好的愿望。但是，“长江后浪推前浪，一代更比一代强”，不是都这样说吗？可是，我们家里为什么会这样？我知道，到了这个岁数，得学会面对现实。对这个现实，我怎样才可以想开一些？对这个问题，您怎么看？

心理援助：应该善待孩子的平凡人生

您好！首先，我对您表示支持，支持您的看法：望子成龙、望女成凤不过是一种美好的愿望。如果再说得直接点，这种美好的愿望，就是一个美好的肥皂泡，是不靠谱的。真正靠谱的是，大海之中有百鱼，不能都成龙，大林之中有百鸟，不能都成凤。绝大多数孩子是平凡的孩子，长大了都是平凡的人。

这是为什么呢？

心理学告诉我们，人成才的过程是智力因素与非智力因素相互作用，并以非智力因素起主导作用的过程。就智力因素方面说，中外研究一致表明，人的智力水平在总人口中，是服从常态分布概率规律的，就是说，人的智力很高或很低的都是少数，绝大多数是中常水平。再就非智力因素方面来说，也是服从常态分布概率规律的。就是说，人的非智力因素很好或很差的也是少数，绝大多数是一般水平。这是因为，凡是影响因素很多的现象都服从常态分布，因为这些因素一起出现和一起不出现的机会都很少，有些出现有些不出现的机会较多。这样，智力与非智力两个因素相互作用的最终结果，也是服从常态分布的，必然使得绝大多数是一般情况。因此，最终绝大多数是“中才”，是一般的平常人。

尽管您有成就、有名气，说到底，我们都属于那个“绝大多数”，我们都是平凡的人。您说是吗？您能接受这个现实吗？

当然，不管怎样，人的发展高低确实是不一样的。就总体来说，就社会发展角度来说，是一代更比一代强的。但是，就具体的家庭来说，就具体的人的某些特性来说，又并非都是一代更比一代强的。

这又是为什么呢？

事物的发展有一个基本的自然法则，这个法则叫作“趋中律”。所谓“趋中律”，就是从宏观角度说，事物的发展像波浪一样是有升有降的，波峰之后是波谷，波谷之后是波峰，围绕一个中值上下浮动。形象地说，好比中间画了一道横线，这个横线表示中值，有一条波浪式的曲线围绕这条横线上下浮动。这个自然法则就是趋中律。

比如人类的身高，就遵从趋中律。我们都说孩子一代比一代高，或者说，哪个民族的身高多少年来增长了多少。如果站在更宏观的历史角度看，人类的身高不可能一代更比一代高，升高到了波峰，还会回落到波谷，然后再上升，曲折发展。这就是自然法则。假如人类身高无限增长，是不可思议的，地球是受不了的。谁来管这个问题？自然法则来管，趋中律来管，让人类的身高不会无限增高。

再说人生发展的高度，也是这样，也遵从趋中律。就一个家族说，有时候可能是一代更比一代强，但是，也有一代不如一代的时候，就是说，从宏观的历史说，也是有升有降、遵从趋中律的。多少家族不是这样？古今中外，多少名人的后代成了平民？这样看来，我们这一代有成就、有名气，可能正是家族的发展高峰，按照趋中律法则，高峰之后就该有所回落，甚至会落到低谷。这，和名人的后代成平民的道理一样，我们的孩子不如老子，也就在所难免了。为什么会这样？因为不论是一个家族还是整个人类，无限的高度发展，也是不可思议的，也必须受制于自然法则。

您说重视孩子的教育，孩子也是努力的，为什么还这样？说透了您别不高兴。一来，教育不是万能的。人的发展离不开教育，没有教育就没有发展，但是，教育不是捏泥人，想捏成什么样就什么样。二来，努力不一定就成功。人要成功必须努力，没有努力就没有成功，但是，努力不是吹气球，想吹多大就吹多大。人的能力就是有差别的，此外还有很多我们难以控制的因素。

总之，还是前面说的，太多的因素凑在一起，只能是绝大多数人是平常人。

这样说来，您也许有点泄气了。其实，我们每一个平常人，都有自己充满希望的人生。我们都是平常人，但是，我们不仅过去毫不泄气地生活过来了，未来还将毫不泄气地生活下去，何必面对孩子的平凡就泄气呢？

如此说来，我们该怎么办呢？

首先，我们应该善待孩子的平凡人生。天上只有一个太阳，地上只有一座珠峰。孩子成不了太阳，就当一颗小星星；孩子成不了珠峰，就当一座小山。群星虽没有太阳耀眼，同样熠熠生辉；群山虽没有珠峰高大，同样勃勃向上。不论是我们自己，还是我们的孩子，只要努力生活了，就是大写的人。况且，孩子们未来的发展，还有很多变数，还有很多希望。

其次，我们应该让孩子自己承担人生。规律都是不以人的意志为转移的。既然按照概率规律，绝大多数是平常人，既然按照趋中规律，谁家也不能总是一代更比一代强，我们又何必和规律较劲呢？孩子怎样发展，有怎样的人生，就让孩子自己去承担吧。只要他们认真生活了，就没有虚度人生，就该给孩子们的人生加油。

最后我想说，通过今天的交流，相信您会想得开了。想得开了，就放得下了。我们放手孩子的人生，也许是对孩子最大的尊重，最大的爱。孩子们心里会感谢我们的。您说呢？

我怎么摊上个不孝子

心灵困扰：真是个不孝的逆子啊！

马老师好！今天我跟您说说我那个不孝的逆子的事儿。

我们老两口儿今年60多岁了，一个女儿，一个儿子，姐弟俩都结婚成家了。本来日子过得也还平静。没承想，最近因为平房拆迁，我们家里闹成了一锅粥，主要是我那个儿子蛮不讲理，简直闹得这日子没法过了。

按照拆迁政策，我们可以要三套房。我的想法是，大的归儿子，中的归女儿，最小的我们老两口儿住，等我们离世后，也归儿子。我想这不是挺好的事吗？没想到听了我的决定，儿子就不高兴了，怪我们没和他商量，怪我们自作主张当好人，一气之下说不同意给姐姐，都要归他所有。我一听也来气了，这也太贪心了吧。越说越生气，我们当场就吵了起来。闹到后来，儿子甚至提出，三套房子都归他所有，就是说，不仅不给姐姐，连我们住的一套也要写他的名字。最后还非要让我答应把名字全改成他的，不然就不认我这个爹。真是个不孝的逆子啊！简直气死我了！

想想他长这么大，我们全家多疼他啊，大事小事都惯着他，他姐姐就更是处处让着他，他姐姐对他那是多好啊。他也习惯了凡事都自己合适，从来不管别人。当初以为他还小，没太在意。哪知道长大了更不知道关心人了。就算我们娇惯他了，这样的事他怎么能这样不讲理。怎么能这样没良心？

我想，要不就由着他；又一想，那可不成。他现在这样没良心，真的全写他的名字了，将来再坏了良心，连我们都不让住了怎么办？所以又想，就是断绝父子关系，也不能由着他，他再这样胡闹，我就去法院……您说我怎么摊上这么个不孝子啊？

心理援助：不把孩子逼成不孝的儿女

您好！您的故事让我想起，前不久微信上看到的一段视频，是一家电视台的调解节目。说的也是因为拆迁，拆迁补偿款还没到，儿子就提出要自己那一份。没有钱，就让父亲给自己打欠条，不打欠条不行。在节目现场就对父亲大吵大闹，说了许多浑不讲理的话。面对这样一个不孝子，主持人和嘉宾都看不过去了。看过节目的人更是众口一词，骂这个儿子不孝，甚至骂这个儿子禽兽不如。

您知道当时我看过后什么感受吗？气愤、怜悯、同情、忧思，真是五味杂陈，一言难尽。但是，除了这些感受外，我还在想一个问题：这个儿子固然是太不像话了，但是，他为什么会这样？是什么原因让他成了这个样子？

按照心理学的说法，有没有良心、是否孝敬父母，是一个人性格的表现。而一个人的性格，是先天因素与后天因素共同作用的结果，其中，后天因素又是起决定作用的。孩子的心是一块神奇的土地，一个孩子成为怎样的人，就看父母给他的心田播种怎样的种子。由此说来，一个孩子成了不孝子，父母是有责任的。

那么，父母是怎样亲手养成儿女不孝这枚苦果的呢？

一是父母娇惯成性，让孩子没有学会做人。有的父母觉得孩子还小，甚至打骂了自己，还在心里乐滋滋的：看，我们的孩子会骂人了，我们的孩子会打人了。有的父母觉得孩子小，看孩子会从别人手里抢东西了，还觉得是长本事了。有句老话说，“三岁看大，七岁看老”，这句话很有道理。用心理学的话来说，从小教孩子做人，是孩子一生性格大厦的奠基工程。从小娇惯成性，怎么会有好性格？没有好性格，没有良心，就最容易没有孝心，父母自然就成了第一个吃苦果的人。

二是父母尽孝不够，没给孩子做好榜样。常言说，“言传身教”，父母对孩子的影响，身教胜于言教。每个孩子都是模仿的高手，而且，孩子眼睛看到的总比耳朵听到的深刻。所以，父母对老人不好，孩子会看在眼里，记在心里，最后就会模仿、复制出来落实在行动上。于是，父母也会自食恶果。在现实生活中，有些儿女不孝的老人，自己年轻的时候也往往有不孝的劣迹。

三是父母处事欠妥，诱发子女不孝的言行。在处理家务事的时候，特别是涉及彼此切身利益的时候，如果父母处理欠妥或方法不当，也会导致亲子冲突，诱发子女不孝的言行。一位老先生有两个儿子，根据现实情况，老年后大儿子照顾方便，就自作主张出资几十万元帮大儿子买了房，和大儿子一起住，原来住的房子打算给二儿子。但是，由于老先生自作主张，缺乏沟通，二儿子只看到了给哥哥几十万元买房，非常不高兴，自父母搬进新居从未登门。从此父子关系僵住了，后面的事也不好商量了。其实，如果事先开个家庭会议，各方当面沟通好，完全可以避免冲突。

回头看您家的情况，我看您的儿子未必有多不孝。他如此的表现，确实与您有关。至少第一条是存在的，您儿子之所以心里没有别人，可以说就是您娇惯出来的。再有，您在处理方式上也存在问题。如果您先和儿子私下好好谈谈，动之以情，晓之以理，然后拿到家庭会议上讨论，给儿子一个做好人的机会，也许事情就不是这个样子了。真的，不把孩子逼成不孝的儿女，是我们做父母的大智慧。

当然，这些都不是儿女不孝敬父母的理由。我们说这些，是为了让我们做父母的人，看到自己的责任，心里会少一些委屈，多一些平衡，在处理亲子关系上会少一些马虎，多一些智慧。针对您最后的问题，我们就先说这么多。相信我们交流之后，您的心情会平静了许多，您也不至于做出过激的决定。这样，就给事情留出缓解的余地，给亲子关系留出缓解的余地，也给儿子一个做好儿子的机会。您看如何？

拿儿媳当闺女好不好

心灵困扰：拿儿媳当闺女有什么不对吗？

马老师好！我今年60多岁了，从机关单位退休了。我敢说自己是个开明的老太太，绝不是那种拿儿媳当外人的婆婆，更不是那种“多年媳妇熬成婆”拿儿媳当受气包的人。别人也都说我不是老脑筋。但是，我感觉我和儿媳的关系还是出了点问题。

我们老两口一儿一女，是那种比较传统的家庭模式。女儿出嫁了，儿子结婚和我们一起过。女儿出嫁就是人家的人了，所以，自从儿媳过门，我就把儿媳当闺女一样，我们相处得还算好。

我是个心直口快的人，心想，既然我把儿媳当闺女，平时和儿媳相处，也就有什么说什么。儿媳也说过这样好，让我就有什么说什么。可是，那次因为孙子的事儿，我们娘俩意见不一致，儿媳说我太娇惯孩子，我情急之下就不管不顾了，说起儿媳怎样怎样不对。本来，对闺女说话，我也是这样的，对他们孩子的教育，我也是这样的态度，也会唠叨他们的不对。可没想到儿媳却不高兴了，好长时间不让我管孩子。

前些日子，政府发放一笔补偿款，两万多元钱。我想我们老两口都有退休金，就决定把钱分给他们两家。也没多想，我就做主两家一家一万元。哪知道因为这件事儿，儿媳有意见了。虽然儿媳没和我们争吵，但是看得出来她不高兴。后来，儿子跟我说，她不是计较这点钱，即便真的多给她，她也未必接受，她是觉得姐姐出嫁了，他们要多承担责任，可是在这件事上，我闺女媳妇一个样，这样让她心里有些不平衡。

您说，我拿儿媳当闺女，莫非我有什么不对吗？

心理援助：拿儿媳当生命中的贵人

您好！相信您是一位开明的婆婆，不会拿儿媳当外人，更不会拿儿媳当受气包。但是，您瞧，这样的婆婆也会遇到婆媳关系的困扰。这是为什么？

是的，如今很多开明的婆婆，都不会拿“多年媳妇熬成婆”那一套来对待儿媳，都会觉得拿儿媳当闺女应该是很不错的选择。所以，在日常生活中，在家庭事务的处理上，都会有意无意间本着一个原则：拿儿媳当闺女。

这让我们想起那句话：闺女是妈妈的贴身小棉袄。这反映了，在我们的文化中，通常认为母女是最亲近的人。因此，从心理关系上说，一个做婆婆的人，能拿儿媳当闺女那样亲，能拿儿媳当闺女那样疼，应该说是挺温情的，挺温暖人心的。就是说，拿儿媳当闺女这样的感情定位，没有什么不对。

但是，在理性定位上，光拿儿媳当闺女就不行了。因为，从人际关系心理学角度说，儿媳有不同于闺女的家庭角色定位，儿媳与闺女扮演了不同的家庭角色。就是说，儿媳到底不是闺女。所以，在家庭生活中，又不能完全拿儿媳当闺女。

首先，在角色扮演上，儿媳不同于闺女。

儿媳年纪轻轻，离开自己的原生家庭，离开自己的亲人，离开自己的父母，来到一个陌生的环境，来到一个陌生的家庭，来面对那么多陌生的人。并且在这里，在这个家庭，将要度过自己大半生的日子，会在婆家付出自己的一生。您说您的家庭是那种比较传统的模式，那就是说，您的儿媳也是这样在付出。

儿媳为您照顾儿子。您的儿子是您最牵肠挂肚的人，但是，您不能每时每刻照顾他，更不能照顾他一辈子。唯一能够替您、帮您的人，只有您的儿媳，只有您的儿媳能和您的儿子相依相伴到白头，照顾您儿子一辈子。

儿媳为您孕育孙辈。您的家庭要传宗接代，是您儿媳历尽艰辛，十月怀胎，喂养哺育，一把屎一把尿把孩子拉扯大。而这个孩子是您的孙辈，是您的第三代。是您的儿媳让您家有传人。

儿媳为您照顾家庭。居家过日子，能够早早晚晚相互帮衬的，都是身边的人。能够柴米油盐照顾家庭的，也是家里的人。如您所说，闺女出嫁就是人家的人了，儿媳才是生活在您身边的人，儿媳才是照顾您家庭生活的人。

儿媳为您养老尽孝。从情理上说，在我们许许多多的传统模式的家庭中，儿媳首先对公婆有养老尽孝的责任。同样的，出嫁的女儿，也要首先对她的公婆养老尽孝。

您瞧，儿媳离开父母，来到您的身边，为您照顾儿子，为您养育孙子，为您照顾家庭，为您养老尽孝，儿媳简直是您生命里的贵人了，怎能把儿媳当闺女？

其次，在角色期待上，儿媳不同于闺女。

所谓“角色期待”，通俗地说就是对扮演某个角色的人的行为反应的期待，比如，我是心理咨询师，您就会对我的说话、做事有一种期待。在人际关系上，由于扮演不同的角色，彼此便有了不同的角色期待。在家庭生活中，您该怎样说话，该怎样做事，儿媳与闺女对您的期待也是不同的。由于这种期待不同，您说话、做事，闺女可以接受的，儿媳不一定能接受。比如钱的事儿，其实未必是争钱的多少，很可能是儿媳感觉在这个家中，自己扮演了不同于您女儿的角色，就觉得您的做法不符合对您的角色期待了：婆婆怎能这样待我？如果您能通过适当方式，充分肯定她为这个家的付出，肯定她在您心里的分量，可能就会没有了这种不高兴。

这种角色期待，还表现在人际互动的方式上。婆媳真情，可能胜过母女亲情，但那是以后的事儿，是需要时间的。在婆媳互动的初步，不管您怎样不拿儿媳当外人，不管怎样拿儿媳当闺女，儿媳是否能接受您的婆媳互动方式，是否拿您不当外人，是有待日后慢慢磨合的——磨合得好，就可能胜过母女。但是，在儿媳还没有做好心理准备的时候，您光是拿儿媳当闺女，说话不管不顾，就不合适了。

您确实是一位开明的老太太，您的婆媳关系总的来说是不错的。如果您再稍稍做点心理调整，和儿媳有话好好说，不光拿儿媳当闺女，更拿儿媳当贵人，看重儿媳，婆媳关系会更好。正是由于朝夕相处，婆媳难免出现摩擦。但是，想想儿媳是您生命中的贵人，是您这个家庭的贵人，还有什么不愉快、过不去呢？

我该怎样和女婿相处

心灵困扰：为什么和女婿相处这样麻烦?

马老师好！有件让人头疼的事，不知道跟谁说好，希望您能帮帮我。

是这样的，我们就一个女儿，她结婚几年了。当初，虽然我们不太看好女婿，但后来也接受了。再说，现在他们也有一个孩子了。我们在城里住，为了方便外孙上幼儿园，也是为了帮帮他们小两口，就让他们三口把户口迁到了我这里。女婿本来想临时租一个房子，以后再买房子。我想，一家人还租什么房，就住在一起吧，相互也有个照应。既然家人住在一起了，平常过日子我们也就不拿女婿当外人。

开头，相处还可以。但是，一起住，时间长了，彼此了解多了，女婿和我们的关系却越来越不好了，感情没加深，矛盾倒是越来越多。

先说穿戴。对年轻人的穿戴，不是我看不惯，只是觉得冬天就该穿棉衣、穿厚毛裤，夏天就该穿短裤、穿凉鞋。我这女婿倒好，冬天连毛衣都不穿，只穿件衬衣，外面套件羊绒大衣，那能暖和吗？到了夏天，反而穿一双厚厚的旅游鞋，一双厚袜子，那不得捂出脚气来呀？为这，我说他，弄得还不高兴了。

再说吃水果。我们节俭了一辈子，什么样的水果不能吃，稍微有点磕了碰了不鲜了，削下去不就行了，味道还不是一样？可他不吃，嫌这样的水果不好。我们老两口又能吃多少，吃不了只好把烂掉的水果都扔了，实在是浪费。

还有交朋友。年轻人喜欢交朋友，我不反对。但他经常在外面喝酒，很晚才回家，怎不让人操心？那天很晚很晚了，还不见女婿回家，最后是我和女儿找到了他们喝酒的地方。结果，他还很不高兴，回来和女儿吵，说这样让他很没面子。

我想既然一家人，就像对自己的儿女一样，对女婿生活上的事、工作上的事、过日子的事，看哪儿该嘱咐，就直来直去，当面说给女婿听。哪知道，女婿对我的话并不买账，给我软钉子吃，有两次还直接和我发生了口角。而且，我还听说，他在外面和别人说我的不是。

还有，作为老人最不愿意看到小两口吵架。更麻烦的是，他们吵架还会把双方老人带进去。那次，他们两个生气吵架，又把我们也带进去了。我实在听不下去了，就去制止他们。我本来是混着说的，没敢单怪女婿，没想到女婿还翻脸了，和我直接吵了起来，说了很多难听的话。这一下子撕破了脸，女婿就时常和我直接起冲突了。更没想到的是，我想和女儿诉诉苦，女儿有时候居然站在女婿那一边，说我的不是。您说这多气人？

我们当初一番好心，把女婿当儿子一样，到头来却成了冤家对头。有人说，女婿到底不是自己生自己养的，得多个心眼提防着点。不知道您对这样的问题怎么看？您说，为什么和女婿相处这样麻烦？我们当老人的又该怎么办？

心理援助：我们自身多多讲究心理策略

您好！所谓“清官难断家务事”，您也不是为了找我断案，所以，既然是心理咨询，我们就从心理学角度来讨论一下这个翁婿关系问题。您看好不好?

我们先说第一个问题：为什么翁婿关系成了困扰不少家庭的难题?

首先，是翁婿关系固有的心理特点造成的。

翁婿原本生活在各自的家庭，各有不同的个性心理，作为两代人，又存在代际心理差异。所以，在脾气性情、价值观念、思想意识、生活方式、生活习惯和饮食嗜好等方面，会有很多不一致，生活在一起难免会发生矛盾。再有，岳父还会对女婿多少有点潜在的嫉妒心理。自己捧着、护着的女儿，变成了别人的女人，和别的男人相亲相爱，父亲在感到喜悦的同时，也难免会心生失落。一旦女儿受了委屈来诉苦，父亲就更会抱怨女婿。如果女儿对父母稍有冷淡怠慢，更会全部归咎到女婿身上。因此，也容易导致翁婿矛盾。

其次，是翁婿关系现有的心理变化造成的。

随着时代的发展，翁婿关系也在变化。过去，女婿很少和岳父岳母在一起。记得我们这个岁数的人，年轻的时候，也就是逢年过节去看望岳父岳母，其余时间很少见面。所以，翁婿关系还算简单。现在不一样了，还没结婚，女婿就差不多成了岳父岳母家里的人，更不用说婚后一起生活、一起住了。所以，如今的翁婿关系确实变得复杂多了。甚至，过去很多婆媳关系上的麻烦，如今都跑到翁婿关系上来了。于是，翁婿之间的矛盾，成了困扰不少家庭的难题。

但是，翁婿也是可以和谐相处的。

那么，处理好翁婿关系在心理学上有什么秘诀吗?说有，也没啥秘诀；说没有，如果我们自身多多讲究心理策略，对我们搞好翁婿关系真有帮助。

第一，一家人，也要两处住。

在我们的亲子关系中，有一种根深蒂固的“亲子心理—

体化”倾向。亲子之间有一根似乎永不消失的心理上的“脐带”，让亲子成了心理上的“连体人”。其中，与其说是子女离不开父母，不如说是父母离不开子女。有些老人和孩子住在一起，也是这个原因，也是老人不愿意离开子女。但是，这样必然更容易出现矛盾。

为什么？在人际交往中，每个人都要求独占一定的空间，叫作人际空间。由于这个空间像个大气泡包围着一个人，因此有的心理学家就形象地称之为“人际气泡”。距离太近了，不能满足彼此人际气泡的要求，人虽然没有挤在一起，人际气泡先感到“拥挤”了。人际气泡的“拥挤”，就使人感到不舒服。所以，人和人之间，不管多密切的关系，也要保持距离。就您家里的情况说，导致后来诸多矛盾的根源，就是和女儿女婿一起住，距离太近了，人际气泡“拥挤”了。

由此说来，儿女成家，只要有条件，两代人就不要住在一起。最好的选择是，既距离不远，又分开居住。有个说法叫“一碗汤”距离，意思是说，一碗汤做好了送到彼此家里吃起来正好，远了，汤凉了；近了，汤太热。这样，不远不近，既可以相互照应，又不必朝夕相处。这样，空间上保持了适当距离，心理上就拉开了适当距离，也就避免了人际气泡“拥挤”而带来两代人之间的矛盾和冲突。

第二，是亲人，也要当客人。

您说不拿女婿当外人，这没有错。从感情上说，我们确实不能拿女婿当外人，而应该把女婿当亲人。亲情，不是必须源于血缘，翁婿一家亲，日久生情，这样培育出来的亲情，可能会比血缘关系的亲情、比亲生的儿女还亲。

但是，说到底，女婿和女儿，又扮演着不同的角色，有着不同的心理需求和心理体验。所以，对女婿又要多一份尊重。民间都把女婿叫“姑爷”，是门上贵客，是家里的贵人。您想，人家父母把儿子养那么大，给咱当女婿，为咱家付出，照顾咱的女儿，照顾咱的孙辈，不是咱家的贵人是什么？对家里的贵客，对家里的贵人，怎能不多一份尊重？怎能说话不多注意一些方式呢？怎能一个“不当外人”就全了事了？其实，不单对女婿，对自己所有长大了的孩子，都该当客人来尊重，都该像待客人那样讲究相处的方式，不能一家人就什么都不讲究了。

第三，要关心，也要少操心。

女婿来到咱们家，和咱们一起生活，咱对女婿就要多一份关心，就要多一份爱，甚至比对女儿还要多一份爱。但是，人都有独立自主的天性，女婿也希望自己有独立自由的空间，希望自己的事情自己管，不能因为爱就管太多。

所以，我们应该坚持做到，对大家庭的事，可以简政放权，女婿能办的就交给女婿；对小两口的“内政”，更不要干涉；对女婿个人的事业和生活，该关心的要关心，该帮忙的要帮忙，同时，该放手的要放手，该少操心的要少操心。对生活中的非原则性问题，最好的办法是，睁只眼，闭只眼。您别不爱听，像女婿怎样穿衣啊，怎样吃水果啊，怎样和朋友交往啊，这样的事儿，我们做老人的，真得少操心。生活琐事，哪有那么多对错。

说到小两口闹矛盾的事，老话早就告诉我们了：不痴不聋，不做家翁。小两口闹矛盾了，只管待在自己的房间，听到了也当没听到。他们今天吵架了，明天就和好了。我们的介入，反而会让问题更麻烦。如果不在一起住，更应该学会“装聋作哑”，知道了也当不知道，少过问，少介入，少操心。有些女儿之所以喜欢向爹娘告状，都是因为爹娘喜欢操心。结果是，越操心，越烦心。所以，我们一定要学会少操心。

第四，想自己，也要想对方。

许多人际之间的矛盾冲突，往往不是谁对谁错的问题，而是自我中心倾向惹的祸。由于自我中心倾向，人都习惯从自我出发。于是，只想到了自己的感受，忽略了对方的感受。于是，矛盾来了，冲突来了。

首先想到自己，也是人之常情。但是，要跨越自我中心这道心障，还需要学会心理换位，替对方着想。

替女婿着想，就要适当降低期望水平。决定人情绪好坏的，主要是人对某事物所抱的期望值。也就是说，你期望越高，心理上的反差就越大，情绪就会越不好。因此，我们可以这样想：女婿还年轻，女婿初来乍到，女婿也不是完人。这样，就对女婿的期望值降低了，就少了一些失望，少了一些不满。

替女婿着想，还要摘掉有色眼镜，不以成见、偏见看女婿。当初您不太看好女婿，后来能接受，这很好，那就多看女婿的好。古人说："信人之善，疑人之恶，君子忠厚之心；信人之恶，疑人之善，小人刻薄之性。"意思是说，不要把人往坏处想，要相信人的好。对女婿，更应该这样，更应该相信女婿的好。生活中，为什么有的人总是遇上好人，因为他总是把人往好处想，所以就总是看到人的好。我们这样看女婿，也会发现女婿越来越好。

第五，当面说，也要背后说。

您有话跟女婿当面说，好不好呢？好。因为在间接沟通中，常常会出现信息的失真现象。一是说话的人未必能很好地准确表达自己的意思，二是经过中间传递时，传递者又会不自觉地按照自己的理解，对信息进行主观加工。所以，信息的接收者所接收的信息，与信息的传播者所传播的信息，常常会有出入。这就是我们说的，传话会传走样。所以，如果我们对女婿有话说，最好当面说，这样更能把话说明白，让对方听明白。比如，不要轻易在女儿面前抱怨女婿，因为女儿把您的抱怨转达给女婿的时候，很容易把话捎走了样。如果谁传话，告诉您，女婿背后说过一些不好听的话，最好也是左耳入右耳出，权当没听见，不往心里去。

但是，我们前面说了，女婿是亲人，又是客人，有些话对女婿又要讲究策略，特别是有些话不便直接当面说给女婿听的，又要背后说，给女婿留面子。比如，想嘱咐女婿别酒后开车，就可以让女儿转达，并且教给女儿转达的方式，教女儿看好时机，找好火候。这样才有好效果。至于有时候女儿向着女婿说话，那说明小两口感情好，我们心里偷着乐就是了。您说是不是?

当然，良好的翁婿关系要靠双方的共同努力，做女婿的自然也应该努力做好自我调整。这就是另外的话题了。但愿我们的交流，对您处理好和女婿的关系有所帮助。

为孙子让我进退两难

心灵困扰：进退两难，我到底该怎么办？

马老师好！我有一个烦心事，因为小孙子让我进退两难，我想和您交流。

我是个退休职工，60 多岁的人了。老伴也是退休人员。我们有一个独生子，30 多岁，在机关单位上班，儿媳是一位护士。小两口两年前结的婚，今年才生小孩。小孙子四个多月了，又白又胖，挺惹人爱的，我们老两口打心里喜欢。

可谁想到，就为这个小孙子，却让我进退两难了。

当初为了照顾孩子，给儿子买的房和我们很近。自从小孙子出生，我们不仅出钱，更出力，我几乎天天长在了儿子家，照顾儿媳的月子，照顾小孙子，做饭洗衣，擦屎擦尿，真是全心全意，尽心尽力。可就是这样，儿媳却一点不领情。儿媳嫌我脏，嫌我碍事，不让我抱孙子，不让我靠近床，还嫌我做的饭不好吃，对我没好气，没好话，甚至对我发火。

虽说我本来身体就不好，又是高血压，又是糖尿病，只要儿媳对我好一点，我再苦再累也心甘情愿。可是，她怎么能这样对我？说心里话，我很委屈。和老伴说吧，老伴又怨我，说让我别管他们了，管好自己最重要。可是，让我不管他们，我怎么忍心？不错，自从满月后，儿媳请了保姆，儿子也每天回家，还有孙子的姥姥也常去，我是可以不管他们。可是，就这么一个儿子，就这么一个孙子，让我不管他们，我真的不忍心。

现在，我真的是进退两难，您说我到底该怎么办？

心理援助：只能退，不能进

您好！读过您的来信，非常理解您的那种进退两难的心情：去照顾小孙子吧，儿媳不领情；不照顾小孙子吧，自己不忍心。

但是我要说，您这有点自己和自己过不去。您的进退两难也是自己在心里给自己制造的。为什么这样说呢？

先说您的不忍心，很明显是自己给自己制造的。

我们老年人有一个通病，就是对儿孙的事儿总是放不下，总是管得太多。这是老年人一个共同的心理误区。

试想，不管我们怎样不忍心，我们能陪儿孙到永远吗？不管愿意不愿意，谁都不能陪儿子一辈子，更不能陪孙子一辈子。说句狠话，假如我们当老人的不在了，儿孙一样活着，而且活得也许会更好。所以，对儿孙的事，能放手的就放手，能不管的就不管，这是我们做老人的一个共同的课题，一堂共同的必修课。

再说儿媳的不领情，根本上也是您自己给自己制造的。

表面看来，儿媳对您的尽心尽力不领情，好像是该怪儿媳的不好。但是，仔细想来根源还在您自身。为什么这样说呢？

不错，帮助照顾小孙子当然是可以的，也是应该的，但是不要忘了，是“帮助”。既然是帮助，就应该在人家需要帮助的时候再去帮助，套用那句歌词说，“该出手时再出手”。不论对谁，任何热心过度的帮助，都难免受累不讨好。具体来说，等儿媳休完产假需要上班了，他们小两口自然要对孩子的照料做出安排。如果他们觉得需要您的帮助、照顾了，自然就会主动向您求助。现在又何必老早地就替人家瞎操心？您不觉得操心过头了吗？

再说，人都有一个潜在的心理需求，那就是不愿别人涉足自我心理空间。而任何的热情过度，关心过度，照顾过度，都会给人一种侵扰自我心理空间的感觉。您的全心全意、尽心尽力，是不是给了儿媳这样的感觉？这大概就是儿媳嫌您碍事的潜台词，也是儿媳对您不领情的潜在心理原因。当然，由此还会引发许多的不高兴，演变成婆媳摩擦。

再说句狠话，如果您非要热心过度不可，就得真的心甘情愿做奉献，那您就不要抱委屈，因为那是您自己心甘情愿的奉献嘛。如此，也就说不上儿媳领情不领情了。如果您做不到，那又何必费力不讨好呢？

说到这里，您看您的进退两难，是不是都是自己给自己制造的麻烦？

所以，您眼前没有两条路，没有进退两难，对儿孙的事只有一条路：只有退，没有进。您一定要不断提醒自己：对儿孙的生活，我可以帮助他们，但是，那不是我的责任，更不是我的义务。人到老年的责任是活好我自己。从这点上说，您真该多听听老伴的建议，管好自己，管好自己的生活。比如，安排好自己的一日三餐，安排好自己的闲暇时光，养花、下棋、散步、遛弯，让自己的生活丰富起来。多好！

此外，您说那么多，却没有说到您的儿子。这也是个您要注意的问题。

一般说，一个家庭的婆媳关系如何，那个既是儿子又是丈夫的中间人，起很大的作用。换句话说，如果婆媳关系不好了，如果婆媳总有摩擦，一定是那个中间人没有起到应有的润滑作用，至少也是不作为。不作为，就是失职，就不像个男子汉。

所以，您可以和儿子谈谈，看看儿子对你们的摩擦，是怎样的态度，要教会儿子来当好这个中间人。这样，可以避免婆媳的直接冲突，可以促进儿子成熟得更像个男子汉，您的家庭也会多一分和谐。

老年人把钱放家里要注意什么

心灵困扰：放在家里的钱怎么找不到了？

马老师好！我有一个心事向您说说，希望得到您的帮助。

我是个 80 岁的老太太了。前些日子是我的生日，儿子媳妇们商量为我做八十大寿。孩子们的心意我领了，但是我想这个钱不用他们花，我有退休金，所以，一般类似的开销我都不用孩子们花钱。这次也这样，我提前准备好了钱交给儿子。结果儿子说用不了那么多，儿媳就把剩下的 1000 元钱给了我，让我收起来。当时因为家里人多，我就随便收在了一个地方。

等吃完午饭大家都散去了，我才想起那 1000 元钱。可是，我忘记放在哪里了，东找西找，都找遍了也没找到。本来高高兴兴的，一下子心情就不好了，自己跟自己着急，放在家里的钱怎么就找不到了呢？这是怎么回事？莫非人多手杂？

心里实在憋不住，正好儿媳下班来看我。我就和儿媳说了这件事，随后问了一句："当时剩下那 1000 元钱，你给我了吧？"儿媳当即说："是啊，我亲手递给您的。怎么，您是说还在我手里？"我赶紧说："没有，没有，就是找不到了。"

晚上我继续找，最后在一个枕头底下找到了。原来是我自己忘了放在什么地方。看来岁数大了记性不行了。不过，我觉得自己脑子还可以，过去的事儿还都记得，怎么自己放哪儿的东西，却转眼就忘了呢？

第二天早晨，儿媳打来电话，问我钱的事儿。听说我找到了，儿媳说了心里话："您可是找到了，要不我真该洗不清了。"我明显感到儿媳有点不高兴了。而且，好像过后好些日子，儿媳都有点那个劲儿，好像也不愿意往我这边跑了。说实话，为这件事弄得我心里挺不好受的，又不知道该怎样说清楚，只好和您唠叨唠叨，希望听听您的看法，给点建议。谢谢您啦！

心理援助：老人手上的钱不能随便放

您好！非常感谢您的信任，也非常理解您的那种不好言说的心情。说实话，您找不到钱询问儿媳，虽然主观上未必是怀疑儿媳私拿，客观上确实让儿媳有一种蒙冤的感觉。所以儿媳才有了那句"您可是找到了，要不我真该洗不清了"。从这个角度说，儿媳有点不高兴，也算人之常情。好在儿媳也没有太计较，慢慢会理解您的，这一点您不必太挂在心上。

不过，这件事倒是提醒我们，有一点得挂在心上了：作为老年人，手上的钱不能随便放。

这是为什么呢？关键是我们老年人的记忆衰退规律。

老年人记忆衰退，主要表现为近事记忆障碍，这叫作"近事遗忘"。也就是说，老年人所遗忘的，主要是近期所发生的事情。您自己放的钱转眼忘了放在哪里，就是近事遗忘的表现。还有些老年人把钱放在了旧衣服里，放在旧书报里，结果被卷在废品里卖了。报纸上就报道过，收废品的师傅收到的旧衣服里有大把的钱，好不容易才找到失主。这种放在哪里的东西转眼就忘了，都是老年人近事遗忘的表现。

虽说这个近事遗忘不碍大事，不用太在意，但是，这个近事遗忘却告诉我们，手上的钱真的不能随便放了。人到老年，得给自己定个坚决执行的规矩——手里的钱只能放在一个地方。这不仅是老年人，就是年轻人，也一样要坚持这一条，有些东西得放在一个固定的地方。因为这样，可以简化大脑的信息储存、加工的过程，免得出差错。顺便说到，真的人到老年，钱的保存，还应该让有关的亲人知情为好。

另外，还有一点想和您交流。

那就是不论我们怎样注意，怎样坚守规矩，也难免出现类似放在哪儿的钱找不到的情况。万一这样的情况出现了，怎么办？最好不在儿女亲人中来查询这件事。因为这样的事情，问谁谁都会有那种“洗不清”的感觉，问谁谁都会成了“嫌犯”。而且，查询的结果还会在儿女亲人间，弄出相互猜疑，惹出这样那样的不愉快。

所以，老年人遇到这样的情况应该自己提醒自己：坚信是自己忘了放的地方，坚信是自己的近事遗忘惹的祸，坚信自己家里的人谁都不会私拿自己的钱。退一万步说，即便真的是谁私拿了钱，问也问不出来，还不如干脆佯作不知，送个顺水人情，更何况都是自己的亲人？重要的是，自己以后多多注意就是了。

临了还想跟您说句心里话，不知道您爱不爱听？有些老年人和儿女之间的一些不愉快和冲突，真的不好简单地都说成是儿女不孝，真的有我们老年人自己的责任。

有时候，我们老年人也难免处事不妥，难免自我管理不善，难免自己心理陷入误区。就说您的这个事情吧，把钱随便放，这是一不妥，然后又随便问，这是二不妥。您说是不是这个理儿？当然，这样说不是让我们太自责，而是说我们要努力做一个心理健康的老人，“活到老，学到老”，学会做智慧的老人。您说是不是？

人到老年，把生活还给儿女

心灵困扰：难道我替孩子着想错了吗?

马老师好！我今年60多岁了，知道您和我年龄差不多，又是心理学家，就来和您说说自己的心里话，相信您一定理解我，一定能帮助我。

我有一个女儿，早已出嫁成家。可是，女儿出嫁后，我还是惦记女儿的生活，怕女儿不会持家，怕女婿不会过日子，怕他们小家庭的生活过不好。所以，大事小事我都替女儿着想，就连过日子的钱，也替女儿保管。他们困难了，我的钱也支援他们。用孩子们的话说，我这里成了他们的银行。结果，他们小两口已经快40岁的人了，还不知道持家过日子。女儿过日子越来越没有主见，凡事总是依赖我。女婿更不知道攒钱过日子，没钱了就朝我张口。

为了帮助他们攒点钱过日子，几年前因为点事情我把女儿家的几万元钱借来用，就一直没还给他们。这个办法是女儿主动提出来的，说就放在我这里，免得女婿随便把钱花了。结果，为这事儿小两口前不久闹得很不高兴。女婿提出要回他们的钱，女儿说怕女婿随便花了，女婿说那就放在女儿的折子里，女儿却还是希望放在我这里。我想，要不我找女婿谈谈，如果知道过日子了，就把钱还给他们。可是，我总感觉两个孩子都这么大了，还没有学会过日子。难道我替孩子着想错了吗？您说我应该怎么办？

心理援助：让孩子自己为生活做主

您好！看了您的故事，我不由得想起了那句话——可怜天下父母心。如果说这个世上有什么最不好放下的事儿，那大概就是儿女的事儿了。

说到这儿，我想起了曾经接待的一位刘太太的来访。刘太太60多岁，本来觉得操劳多半生，退休后可以好好享受一下属于自己的生活了，却不想从小娇惯长大的儿子，不知道好好过日子，就知道吃喝玩乐，差点闹到妻离子散丢了工作。为儿子的事儿，刘太太愁苦不堪，感觉简直没有了活路，跟我说起来还眼泪止不住地流。

为了帮助刘太太心灵自救，我讲述了下面的一个真实故事。

一个雅静的房间里，七八个人围坐成一个环形，有男有女，有老有少。这是一次别开生面的心理体验活动。主持人分发给每人一张大画片和7张小卡片，说："我们今天的心理体验活动，主题叫作'生命之舟'。大家看到了，画片上是一条帆船，这是我们的生命之舟。现在，我们要做一次不知归期的远航。帆船太小，每条船上能承载的人或物品，包括自己总共7个。请大家选择认为最重要的，逐一在小卡片上注明，贴在帆船上，就算装上了我们的生命之舟。好，现在开始准备。"

准备的过程并不容易。大家的共同感受是，想装上船的东西太多了，家庭、事业、才智、孩子、父母、恋人、吃的、用的、玩的……哪个都很重要，哪个都放不下。可又必须放下好多，才能远航。终于，大家准备好了。主持人笑道："好，现在我们的'生命之舟'已经开始了航程。但是，非常不幸的是，航行一段里程后，帆船进水了。为了给帆船减轻负担，每行驶一段，我们必须把帆船上的人或物品舍弃一样。请把帆船上写有这个人或物品名字的卡片，撕下来依次贴在大画片的下方，表示舍弃。”

虽然不舍，虽然为难，大家还是开始舍弃。第一次，有的扔掉了玩具，有的扔掉了手机，有的扔掉了金钱。第二次的时候，已经很难了，有的扔掉了书籍，有的扔掉了食品，有的扔掉了事业。一个女孩的船上此刻除了自己，还有男友，自己的父母和男友的父母，她久久地摇头叹息，几乎不能舍弃。到第三次的时候，更加艰难了。一位成人艰难地流下了眼泪，她说：船上现在除了自己，还有孩子、爱人、父亲和母亲，让我怎样割舍？！但活动要求，每人每次必须做一次割舍。尽管由于当初装上帆船的事物不同，放弃的难度有所不同，可相同的是都感到放弃越来越艰难，活动进程越来越缓慢。

到了第六次的时候，大家的船上除了自己，有的是家庭，有的是家人，有的是父母，有的是爱人，有的是孩子，都是最难割舍的了。怎能割舍？怎样割舍？但是按照规则，必须做最后的割舍，怎么办？

故事讲到这里的时候，刘太太已经全身心地投入了。于是，我突然面对刘太太：“假如这时候您的船上除了自己还有孩子，您怎样割舍？”

刘太太毅然决然地说：“我宁可舍弃自己，也要留下孩子。”

我笑了：“每一位母亲都可能这样选择。可是，这时候无论怎样选择，结果都是一样的：孩子我们管不了了，我们只能对孩子彻底撒手不管了。您说是这样吗？”

沉静了片刻，刘太太抬起了头，站起了身，握住我的手说：“马老师，我知道了，不管情愿不情愿，儿女的事该撒手都得撒手。我们过去就是对孩子照顾得太多，管得太多，不肯撒手让孩子锻炼，才闹成现在这样。不管了，撒手吧，孩子爱怎样就怎样吧，我们老两口得好好活着照顾自己了。”

把这个故事讲给您听，我想您一定有了很多感悟。

回到您的问题上来，恕我直言，人家的钱，就是人家到手扔了，也是人家自己的事儿，我们何必非要替人家保管，我们有什么理由不还给人家呢？如果说有什么理由，就一个理由——这个“人家”不是别人，是自己的儿女。所以，我们就不放心，就不放手。可是，前面的故事告诉我们，儿女的事情应该让儿女从小学会自己来承担。已经进入老年的父母，面对已经长大的儿女，更要该放手时就放手，让儿女在承担中学会生活，我们不能包揽儿女的一辈子。

更重要的是，正是因为我们不放心，因为我们不放手，才磨灭了儿女持家过日子的本事。就说这个管钱的事吧，您不让小两口学着管钱，他们怎么会管钱持家？反过来，如果我们放心了，我们放手了，儿女反而会逐渐成长，逐渐学会持家过日子。还说管钱这个事吧，您把钱还给他们，也许他们开始难免还会乱花钱，但是只要您坚持做到放手不管，他们总要进步学会持家的。

所以，总结起来就是一句话：人到老年，儿女的事儿，一定要该放下就放下。

当然，我们说放下，不是说不闻不问不帮不管，我们该关心就关心，该帮助就帮助。关键的是，把孩子的生活还给孩子，让孩子自己为生活做主。

第三部分 儿女婚恋：最好的爱是祝福

儿女的婚事，父母的心事

心灵困扰：我们不该为孩子的婚事操心吗？

马老师好！为女儿的婚事，真是愁死我了。我女儿今年24岁，几年前大专毕业，有一份不错的工作，家里又有房子。可是，她却偏偏爱上了一个打工的农村男孩。

对此，我和她爸都不同意，一直没让她把男孩带到家里来。我们多次劝说女儿还是与那男孩子散了吧，可她却听不进去我们半句话。为了掐断他们的关系，我还专门让女儿请假回老家住了几个月。没想到，那男孩又和女儿联系上了，还悄悄地把女儿接回了男孩的老家，结果两个人更是掰不开扯不断了。

没办法，去年7月份，我们让女儿带男孩回家。见了这一次面，让我们更加不能接受了。首先，是男孩的长相让人不满意，看着不舒服。再者，男孩在一家汽配厂打工，言谈举止比较粗俗。而且，经过旁敲侧击，还了解到男孩的家庭情况也不理想。哪个父母不想让女儿嫁个好人家？我们表面上还是客气地招待了男孩。男孩走后当天晚上，我们再次跟女儿郑重表态，坚决不同意女儿再跟他来往，女儿当时看我们的气势没有说什么。

但是，后来我们却发现情况越来越不妙。女儿在外工作，干脆不回家住了，也不告诉我们住在哪里。我曾追问过女儿，女儿说男孩还在缠着她，我嘱咐女儿要快刀斩乱麻。今年正月，我接到男孩发来的信息，语气很不好，叫我不要再干涉他和我女儿的事。

更没想到的是，后来，女儿也跟我们闹翻了，随后离家出走，打电话也都不接。最近，让人捎话来，说如果再不同意就不回家啦……

一气之下，我真想说你不回家就不回家，从此断绝亲子关系。可是……哎，急死我了，气死我了。您说，我们不都是为她好吗？我们不该为孩子的婚事操心吗？

心理援助：婚恋大事本该让孩子自己做主

您好！非常理解您此时此刻的心情，这不仅仅因为我是心理学工作者，更因为我也是一位父亲，也为孩子们的婚恋大事操过心。

真是可怜天下父母心。为孩子的婚恋大事操心，天经地义。儿女是父母的心头肉，为孩子操心是因为父母的爱。可是，我们的这种爱，为什么孩子们会不买账、不领情？为什么反而会弄得两代人都不高兴？

哪个父母不爱儿女？为什么我们要对儿女的婚事干涉过多？说到根本上，这和我们对儿女的人生干涉过多一样，都是源于我们文化里的一种突出的亲子心理特点。这个特点就是强烈的亲子心理一体化倾向。

我们的父母和子女，好像连体人，虽然出生后切断了生理脐带，但是，还有一条心理脐带，强有力地把两代人连为一体。于是，子女的事儿，也成了父母的事儿。于是，本该子女自己担当的事儿，父母也总是不肯放手，总是比自己的事儿还操心。对子女的婚恋大事，当然就更操心，更牵肠挂肚，甚至想替子女当家做主。于是，爱过了头，变成了干涉，操心过了头，变成了侵权。可是，子女到底是独立的人。每个独立的人几乎本能地都有自己的独立心理需求。当这种心理需求的满足受到限制的时候，就会想方设法来争取满足。于是，针对干涉就要反抗，针对侵权就要维权。最后的结果是，亲子关系闹僵了，谁都不高兴。

所以，我们操心归操心，一定要做到帮忙不帮乱。

这就需要我们先解决下面这些认识问题。

第一，孩子的婚姻孩子做主。孩子是婚恋的当事人，婚恋大事本该他们自己拿主意，这是他们的权利。

第二，鞋合适不合适只有脚知道。一桩婚姻好不好，两个人在一起合适不合适，关键是当事人内心的感觉。一双鞋子别人看着好，自己穿着未必舒服。用心理学的话说，婚姻的幸福感是一种心理体验，是一种心理指标，而不是一种物理指标。因此，不是旁人能够评判的，说句狠话，旁人真的没有发言权。这个“旁人”也包括父母。

第三，就是选择错了也是孩子的权利。您也许会说，婚姻自主，不错，心理体验，不错，只要孩子们婚姻幸福，我们可以不固执己见。可问题是，婚恋大事，光跟着感觉走，谁能保证准对？我要说的是，既然是一种心理体验，就是一种主观性很强的事，不好论对错。更重要的是，即便是真的错了，也只能让孩子自己承担，也只能让孩子自己品尝。不仅婚恋，孩子的整个人生，成败得失，都得自己去面对，去学会。

有了这样的认识，我们该怎样行动呢？

一是把自己的看法说出来。对孩子们的婚恋大事，如果能做到完全让孩子做主，当然最好。如果实在有看法，该交流就交流，该说出口就说出口，动之以情，晓之以理。但是，说归说，听不听，就得由孩子们决定了，大主意，还得让孩子自己拿。

二是一定送上父母的祝福。有些家庭为儿女婚恋大事，两代人冲突很严重，甚至要断绝亲子关系。父母说说气话，也许难免，但是，行动上千万不能闹到这一步。因为这样闹起来，最后受伤的绝不仅仅是孩子，和孩子过不去就是和自己过不去。所以，不管我们怎么看，只要孩子自己愿意，我们就该给孩子送上最好的祝福。

上面这些可不是说说漂亮话。哪位父母能这样劝好了自己，谁就少了一分气恼，多了一分心安。父母心安，是自己的福，也是孩子的福。您说是不是？

敞开家门，让孩子回家吧

心灵困扰：我这女儿不是白养了吗？

马老师好！为女儿的婚姻，可把我郁闷坏了，说给您听听，希望您能帮帮我。

我们就一个女儿，您可以想象得到从小我们是怎样疼爱她的，可长大了她却这样让人伤心。她是上大学的时候谈的恋爱，是她的同班同学。毕业前带男朋友回家住了几天，了解情况后，我们都不同意。一是男孩是外地人，离我们很远。二是男孩这个人我们也没看上。我们千方百计阻拦这门婚事，但是没有拦住。结果女儿竟然和男孩私奔了。唉，我知道说私奔也是气话，就是女儿不管我们同不同意，就和男孩去了他的家乡，两个人结婚了。哪有这样的？不管父母的感受，这事多气人！气得我们也没去参加女儿的婚礼。

最让我伤心的是，三年前我闹病住院，病情很重。家里的亲友都来看我，都围在我身边，却唯独不见女儿。那可是我唯一的女儿啊，是我从小就疼爱关心的女儿啊！她怎么这样狠心！后来想想，家人打电话只是告诉她我住院了，可能没说细，她就说正好忙，就没过来，说如果需要钱给我汇过来。可是，当时我在病床上喘气，一心盼着女儿，万一一口气上不来就见不到了。我这女儿不是白养了吗？！

转眼过去几年了，女儿已经是一个孩子的妈妈了。可是，至今我们的关系也没缓解。她太让我伤心了。最近两年，女儿和我们通电话，说过节的时候想回家来看看，我们没让她回来。

到现在了，她又想回家来了。就这个刚刚过去的国庆节，她说想回来，我们在电话里说："既然你心里没有父母，你还回家干什么！"没想到她说话更气人："我回去也不是为了看你们，我就是为了自己散散心！"您说，哪有这样的女儿！

那天看到一个"三季人"的故事，说三季人不知道有第四季，所以，我们不能跟三季人计较。我就自己劝自己，女儿就是"三季人"，何必跟她一般见识？可心里还是纠结，还是想让她忏悔。

有时候平静下来想想，好像孩子在外面也知道想家了，也知道关心我们了，电话里告诉我们照顾好自己，还给我们网购保健品。我感觉女儿心里也是转弯了。但是，你为什么不彻底忏悔？！我就是要让她忏悔，她不忏悔，我就转不过弯来。

眼看就要过年了，前几天女儿又说要回家来看看，我们还是没同意。可是，您知道我这样做心里多难受啊！您是心理学专家，不知道您有什么好的建议？

心理援助：该为女儿敞开家门了

您好！感谢您的信任，让我知道您心中的隐痛。我的女儿也已成家，我们是同龄人，我们都是父亲，我们的心可能有更多的相通之处，我们就像老朋友一样说说心里话，好吗？

首先得实话实说的是，孩子的婚姻就应该孩子自己做主。孩子是婚恋的当事人，婚恋大事本该他们自己拿主意，这是他们的权利。俗话说，鞋子合不合适，只有脚知道。一桩婚姻合不合适，只有婚姻当事人知道，别人怎么说得清？退一步说，即便是最终证实孩子的婚姻是错误的选择，那也是因果自承的事儿，父母又何必自寻烦恼？这是明摆着的事儿，咱们就不多说了。

下面侧重说说孩子婚后的亲子关系，这也是最让您纠结的问题。

结婚，也许是一个人一辈子最大的事儿了。可是，您女儿结婚的时候，父母没有出席婚礼，没有给女儿送上父母的祝福。您知道，从孩子那边说，自己的婚礼上没有父母的祝福，该是多么心痛！问题是，作为父母，没有给女儿送上祝福，你们更心痛，对吧？作为父母制造了两代人的心痛，这已经是非常遗憾的了。

后来，女儿的婚姻既成事实，女儿已经成了母亲，女儿和父母通电话，女儿关照父母要照顾好自己，女儿给父母专门网购保健品，女儿在电话里说想回家，这说明，孩子已经回头，心中的亲情已经回暖。您说孩子像“三季人”，其实，按照孔子的原意说，谁都可能当过“三季人”，谁都有自己没经历过的东西，也就没有这方面的体验。我们常说的“不养儿不知父母恩”，不也是这个意思吗？过去，可能女儿还小，不懂父母的心，现在她已经长大了，自己也有了孩子，当了母亲，她已经不再是“三季人”，她知道了亲情的宝贵，知道了父母的养育之恩。所以，女儿心里转弯了，知道关心父母了，想回家看望父母了。可是，作父母的还在纠结，还不肯接受女儿选择的生活，还不肯给女儿敞开亲情的大门，这究竟是为什么？

表面看来，是您心里放不下对女儿的怨恨。其实，怨恨的背后是爱，是对女儿的那份父爱。您抱怨生病的时候女儿没有来看望自己，其实，是您躺在病床上想念女儿了，也是这种父爱的折射。

遗憾的是，您让这份爱变形了，变味了。第一步，您让爱变成了控制：我爱你，你就该听我的。第二步，您让爱变成了怨恨：你不听我的，我就怨恨你。

但是，真正的、理性的爱，不应该是控制，也就不应该有怨恨。爱，应该是顺其自然；爱，应该是还给被爱的人自主和自由。所以，爱，有的时候应该是放手；爱，有的时候应该是放下。父母爱孩子更应该这样。放手了，放下了，爱就回归了自然，就回归了父母爱孩子的本来面目，就没有了纠结，没有了怨恨。

一旦您让自己心中的爱回归了本来面目，就会想到自己心里的纠结其实是对儿女的爱，就会想到出嫁千里之外的女儿其实心里深爱着父母，就会想到要给女儿回归父母的怀抱一个机会，就会想到该为女儿敞开家门了。

就在昨天晚上，我看了一个电视节目。节目中是一对小夫妻，妻子陪伴丈夫来挑战。在丈夫挑战成功后，妻子说起自己的父母如何反对他们的婚姻，十年了还不能接受自己的丈夫，热泪止不住地流，迎着镜头对在家里的爸爸妈妈说：爸爸妈妈，你们看到了，我没有选错人，你们接受他吧！说到这里，她自己哭成了泪人，现场观众热泪横流，我这个看电视的人，也悄然落泪。

说到这里，您是不是仿佛也听到了女儿的呼唤？您是不是也满眼热泪？这泪水是什么？是亲情，是最自然的亲情。过年了，是亲人团聚的日子，回归您心中自然的亲情、自然的爱，接受孩子们吧，为孩子敞开家门，让他们一家三口融入你们的大家庭吧，那才是真正幸福的一家！祝福您，祝福你们全家！

妈妈为什么不让女儿嫁人

心灵困扰：我这究竟是怎么回事？

马老师好！知道您和我是同龄人，又是心理学家，就想和您说说我的心事。

是这样的。虽说我今年快60岁的人了，但是，我大学毕业，退休前在机关单位工作，也是一个知识女性，我不是个糊涂的老太婆。男大当婚，女大当嫁，我知道这是人之常情、是自古以来天经地义的，我也知道谁家的女儿大了都要结婚嫁人。可我就是不放心女儿嫁人。

前不久的一个晚上，女儿告诉我，准备和相恋了一年多的那个男人结婚了。按说，听到女儿要当新娘了，做妈妈的该有多幸福？可是，我却一下子变得疯狂了，开始是止不住地流泪，后来变得号啕大哭，边哭边求女儿："妈妈不要你嫁人，不要！"那天晚上我从没有过的情绪失控，弄得我们母女俩抱在一起都哭成了泪人。

我的女儿是个非常懂事的孩子，从小到大非常听我的话，是那种乖乖女。看着女儿一天天长大，本该高兴的我，心里却总有一种莫名的不安，一种莫名的恐惧，一种莫名的忧心忡忡——我总怕女儿哪一天会嫁人。可是，我却挡不住女儿的长大，挡不住女儿的恋爱，挡不住这一天的到来。

一天天长大的女儿终于交男朋友了。第一个男朋友，被我以长相不好给否决了；第二个男朋友，被我以工作不好给否决了；

第三个男朋友，被我以家庭不好给否决了……我的女儿就是金枝玉叶，怎能嫁给这样的男人？怎能嫁给这样不可靠的男人？怎能嫁给这样不能给女儿带来幸福的男人？也不知是暗自庆幸，还是暗自忧伤，反正总算说服了女儿。

可是，万万没想到的是，这次女儿找了一个更不可靠的男人。这个男人离过婚，比我女儿大十来岁，还有一个女孩，是一家公司的老板。您说，离婚的男人哪有一个好男人！有钱的男人哪有一个好男人！那个男人一定是看我女儿年轻貌美，就和媳妇闹离婚，来哄我女儿，来骗我女儿。这样的男人怎么可能靠得住！

更让我万万没想到的是，以前听话的女儿这次却铁了心，任我怎么说，怎么劝，怎么哭，怎么闹，都不肯回头。女儿流着泪告诉我，说他们真的相爱，说他不是我想象的那样，说他真的对自己非常好，是真心待她的。女儿跟我讲了很多他们相爱的细节，讲了很多那个男人的好。女儿还说，他们商量好了，结婚后和我在一起，一定会照顾好我……

看我依然不点头，说到最后女儿甚至跪下来求我，说自己已经二十七八岁了，能够看懂一个人了，让我相信她，求我不要再让她错过上天送给她的幸福……

看着满脸泪水跪在面前的女儿，我也泪流满面，我不得不告诉女儿说："妈妈不是老封建，妈妈是怕你走妈妈的老路啊！"

现在我也不瞒您了，前面您已经看出来，我们是母女相依为命，我是一个离异的单身女人。当初，我和她爸爸结婚一年多，怀上了她。她爸爸的家庭重男轻女的思想非常严重，他当然受他们家庭的影响，而且凡事都是听他父母的。但是，即便如此，我也没有想到他爸爸会做出那样伤害我的事情。

女儿出生后，医护人员告诉她爸爸是个女儿，她爸爸却连看都没有看一眼，转过身就走了出去。而且，从此就再也没有回来，没有回来看看我，没有回来看看女儿。刚刚满月后没几天，他就托人转递来了一份离婚协议。就这样，他抛弃了我们母女，永远地离开了我们。二三十年了，他从来没看过一次女儿，一次都没有啊……

这就是男人！男人就是这样的啊！当时女儿听说了这些，也哭得昏天黑地。您说这世上的男人怎么这样心狠？您说让我怎么相信这离过婚的男人？您说让我怎么相信这世上的男人？

我今天对您说了这么多伤心事，不怕您笑话。不错，我离婚后确实有不少人给我介绍过男人，我一律不见，一概拒绝。我信不过男人，这个世上的男人靠不住！我不能再让男人伤害我，我也不能再让男人伤害我的女儿！我一定要为女儿把好关，我不能让女儿随随便便就嫁人。我不是故意和女儿过不去，我不是故意伤害女儿。我这样做也是为女儿好。非常感谢您，相信您现在理解了我为什么对女儿的婚恋如此不放心，现在理解了我不是盲目干涉女儿婚姻的顽固的老封建……

和您说了这么多，心里好受了许多。静下心来，我也感觉这次好像女儿是找到了真爱。那天，女儿也让我见过那个男人了，给我的印象也还不错。哎，我也知道父母不能干涉儿女的恋爱和婚姻，我也知道儿女有权利选择自己的恋爱和婚姻。所以，其实您今天不劝我，我也在心里告诉自己，事到如今，不能再由我否决了。前两天，我已经同意他们先交往。

但是，说心里话，我还是不放心女儿嫁人，还是总怕这个男人带给女儿伤害。我这究竟是怎么回事？我该怎么办啊？

心理援助：关键是看清自己的内心

您好！从您的诉说中知道，您大学毕业，从机关单位退休，是一位知识女性。然而，就是您这样一位女士，在对女儿的婚恋问题的干涉上，却表现得异乎寻常甚至到了不为人理解的程度。女儿以前交往的几个男友，都被您一票否决了。女儿和现在的男友真心相爱，到了谈婚论嫁的时候了。一听女儿要嫁人，作为妈妈的您，再次当即表示坚决不同意，为此和女儿大发脾气、号啕大哭。

作为母亲，为什么如此阻挠女儿嫁人？用您自己的话说，因为男人都靠不住。其实您自己也知道，这明显是以偏概全。问题就在于，您为什么会如此以偏概全？

我相信，正如您自己所说，您不是故意和女儿过不去，不是故意伤害女儿。是的，您这样做不是有意的。那您为什么这样做？用心理学的话说，是一种不知不觉的心态推动您这样做的。这种心态叫作“潜意识”。

人的心灵如同一座“冰山”。我们平时看到的，只是冰山露出水面的很小的一部分，在心理学上叫作“意识”。而冰山还有潜藏在水下的更大部分，在心理学上叫作“潜意识”。这里有难以觉察的大量潜在的心理活动，纷繁复杂。人们的许多似乎匪夷所思的言行，往往要在潜意识中才能探寻到真实的心理渊源。您之所以不让女儿嫁人，就是因为潜意识里的心态在不知不觉影响着您，让您自己有时候都看不清自己。

人的心灵这座“冰山”，用眼是看不到的，要用心看。有了对心的观照，才能既看到“冰山一角”，又看到“冰山全貌”。这样，才会帮我们更好地认识自我，把握自我，善待自我，让自己多一份心灵的智慧。

也许，乍看起来很多人会责备您，其实您自己也有些责备自己。但是，如果走进您的故事，如果走到您的内心深处，看清您的潜意识里不知不觉间影响着您的那种心态，我相信，谁也不忍心再责备您这位母亲了。

一个人对人、事、物的态度，总带有这个人的生活烙印，形成潜意识里的心态，不知不觉地影响着一个人。您对女儿婚恋的态度，心理根源就在于您自己婚姻的不幸经历。因此，在您的心灵深处，在您的潜意识里，面对女儿的嫁人，您只感到怕，怕女儿像自己一样也受到男人的伤害，怕女儿像自己一样让一生的幸福毁在男人的手上。这都是因为您前夫的作为实在是让您的心太受伤了，让您对所有男人都失去了信任。正所谓“一朝被蛇咬，十年怕井绳”。

这其中的心理机制是怎样的呢？

其一是泛化。

什么叫泛化？您也许听说过条件反射，通俗地说，条件反射就是一个刺激引起一个反应，就是说，人的各种心理和行为反应，都是外在的某个刺激物引起的。所谓“泛化”，说的就是条件反射的泛化。就是当某一反应与某一刺激形成条件联系后，这一反应也会与其他类似的刺激，形成某种程度的条件联系，这一过程就叫作“泛化”。比如，小孩因为第一次打针很疼，过后看到穿白大褂的医护人员就害怕，就是泛化现象。小孩把所有穿白大褂的医护人员，都当成给他带来疼痛的人。

您对女儿男友的反感态度就是这样的，就是一种泛化现象。就是说，您不是对女儿男友这个具体的男人的反感，而是您对所有男人都有反感，也就是说，您把对前夫的反感泛化到了所有男人身上。

其二是移情。

所谓“移情”，就是把对某人或事物的感情，迁移、投射到另一个人或事物上的心理倾向。具体说来，就是当人在对某个对象形成强烈情绪反应后，这种情绪状态会影响他日后对相关的人或事物的态度，对相关的人或事物也产生同类的心理效应。人们这样的一种心理倾向，心理学上就叫作移情。

您对女儿男友的态度也是这样的，也是一种移情，一种负移情。也就是说，您把对前夫的消极情绪，迁移投射到了女儿男友的身上，把“这个”男人当成了“那个”男人。

就是因为上面的心理机制，通过上面的心理方式，让您在潜意识里形成了一个心结，让您“一朝被蛇咬，十年怕井绳”，让您失去了对男人的信任，让您对男人怀有普遍性的反感，从而让您一再否决女儿的恋情，让您一再表示不要女儿嫁人。

您该怎样走出潜意识心结的羁绊，怎样进行心理自救呢?

用专业一点的话说，只要潜意识层面的心结上升到意识层面中来，困扰自己的心结往往也就化解了。也就是说，您一旦看清自己的内心，您也就找到了出路。令人欣慰的是，您已经意识到不让女儿出嫁不是出路，您已经意识到了要改变自己，更令人欣慰的是，您已经开始了心灵自救。

接下来，最重要的就是，在以后的生活中，您需要继续进行深入的自我认知调整。经过深入地认知调整，对您面临的问题就会有了新的认识，就会真正认识到“井绳”不是“蛇”，就会真正认识到“这个”男人不同于“那个”男人。

为了促进这样的认知调整，您还需要改变过去完全排斥男人的做法，从女儿的男友开始，尝试接触男人，尝试重新认识男人。现在，您同意女儿和男友的交往，这是一个可喜的开端。由此继续下去，在接触、交往中，您会对女儿的男友有新的认识，进而对男人有新的认识。逐步走下去，您也就走出了心结，您和女儿也就走向了幸福生活。祝福您!

我该不该替儿媳守密

心灵困扰：这件事我这样处理对不对?

马老师好！我有件心事真不知道和谁说说好，想对您诉说。

儿子研究生毕业后，我托人在远离家乡的深圳帮他找了一份工作，为的是让他们小两口到那里去生活。对此，家人朋友几乎是一片反对声。儿子也不愿意去深圳，一再跟我说，要留在身边照顾我们。可是一想到儿媳见了我总是躲躲闪闪的眼光，我又坚定了决心：不能再这样和他们天天厮守在一起了，这对儿媳简直就是一种折磨！一定要让他们走。我劝儿子：好男儿志在四方，煞费苦心地编了许多理由动员他。我想，那些日子我一定变得非常固执。可谁又知道我心里有多苦。

我儿子是个忠厚老实的孩子，称得上品学兼优。但是，在对男女感情问题上却没有灵气，不会自己谈恋爱。我托了几个老朋友给儿子帮忙介绍了六七个对象以后，我相中了现在的儿媳。儿媳对儿子十分钟情，正式见面以后就经常到我家来，来了就帮我洗衣服做饭，像一家人一样，很是亲密。为了给他们些方便，有时候我和老伴借故上街逛逛，一去就是大半天。他们谈了一年半的时间，有一天只有我一个人在家，儿子哼哧了半天，很沉重地告诉我说儿媳怀孕了。看他羞得无地自容，我批评了儿子并告诉他，男人应该为他的每一个行为负责，不只这件事，还应该包括对儿媳的一生。他说他会一辈子爱护她。我相信他。

两个人还没有结婚，这个时候自然不能生小孩。我找到在医院工作的一个老朋友，给儿媳做了流产手术。手术后，我带了一点礼物去看这位老朋友。老朋友对我说："要管教管教贵公子啦，她打过两次胎了。如果再打胎，怕是以后抱不成孙子了！"听了这话，我大吃一惊，小心翼翼地试探。老朋友说，这女孩以前做过流产手术，而且手术做得不太好，子宫上有陈旧伤痕，所以以后要特别注意。

我当时简直是五雷轰顶！这样的事情儿子能接受吗？儿子显然没发现什么，他根本没有这方面的经验，而我却陷入了痛苦的境地。我该怎么办呢？我甚至不敢把这件事告诉老伴。最后我还是决定找儿媳谈一谈，尽管这对我来说是一件非常困难的事。儿媳告诉了我她失身的经过。她很伤心，流了好多泪。

儿媳高中毕业以一分之差没能跨进大学校门，父母无力供她复读，她只好参加了工作。工作不久一个车间技术员爱上了她。在他们的关系有了冲动性的进展后，小伙子向父母提出要和她结婚。小伙子的母亲在到她家去了一趟以后，以女方家境不好为由坚决反对儿子的婚姻，小伙子就不再主动找她了。她不想拿孩子的事胁迫他，做了流产手术。

儿媳是无辜的。她真心爱儿子。她请求我原谅她的失身，她说她会一辈子伺候儿子，一辈子伺候我们二老，她渴望在儿子这里找到幸福的归宿，她求我千万不要把这事告诉儿子。可怜的姑娘，我怎么可以再去伤害她！

又过了半年，两个人结了婚。儿媳对儿子的确很好，对我们俩老人也孝敬。可是，我越来越发现儿媳在我面前太拘谨了，和我说话，从来不敢正视我，目光总是躲躲闪闪的。这纯粹是因为我知道了她的秘密。也可能，她更惧怕的是如果惹了我，我会把这秘密告诉儿子。在这样的心态下生活，她哪里会有幸福，而她不幸福，儿子又哪有幸福可言？！

深夜扪心，我一次次问自己：我爱儿子吗？爱！那么，我是不是同样应该爱儿媳？儿媳是个好孩子，她也应该有人疼，有人爱。如果我是真爱，我是不是该让儿媳没有压力地生活在一个新天地里，让她的秘密随风飘散？

这就是我的心事，想听听您的建议，您看这件事我这样处理对不对？

心理援助：善待儿媳是睿智而理性的

您好！感谢您的信任！我知道，您已经有了自己的决定，您把心事说给我听，是想从我这里获得心理支持。好，下面就是我给您的心理支持。

首先，我对您的为人表示敬意。

真的，读过您的故事，对您这位身为婆母的老人不禁肃然起敬的同时，一直在思考：老人为什么能如此善待儿媳？我想，您之所以如此善待儿媳，自然是因为您善良的人性和同是女人的同情心。但仅仅如此吗？不，还有来自心灵的更深刻的力量。

您之所以如此善待儿媳，是因为您有博大的爱心。您深知人生难免不完美，难免有闪失，对晚辈需要少一些挑剔，多一些包容，包容晚辈身上哪怕让人不如意的事情。不少老人正是以这种博大的包容之心善待晚辈，因而，晚辈走向成熟之后，更是怀着对老人的深深的感念。

您之所以如此善待儿媳，是因为您有开明的观念。在现实生活中，许多有过性经历的女性，假如她的隐秘不为人所知，也许同样可以获得爱和尊重，而秘密一旦被人知晓，她将会受到很大压力。您深知，有过婚姻经历或性经历的女人，绝不应该被剥夺爱与被爱的权利。

您之所以如此善待儿媳，是因为您有健康的心理。面临家庭遭遇的事件，您能够理性地把握自己的心态，能够设身处地地理解他人的心理，能够给儿媳创造平复心灵伤痕、化解心理压力的机会。这，既是您自身心理健康的表现，更是维护晚辈心理健康的善举，真是难能可贵。

您之所以如此善待儿媳，当然还因为您爱自己的儿子。是的，每一位真正爱自己儿子的老人，哪能不善待儿媳！

最后，对您的做法我也表示赞赏。从心理学角度说，人对任何事件的心理反应，都会随时间延长而逐渐淡化。待小夫妻单独生活足够长的时间后，儿媳的担心、顾虑会慢慢淡化下来。再加上婚姻关系的日益稳固，她对夫妻关系及婆媳关系也就会更有自信。这样，到时候两代人即便生活在一起，彼此也会多几分轻松。从这角度说，您的选择是睿智而理性的。

您是一位慈悲又智慧的老人。您定会尽享晚年幸福的。祝福您！

儿子都丁克，我如何是好

心灵困扰：没有孩子这叫什么日子？

马老师好！我是个将近70岁的老太婆了，看了您和读者的通信，感到您是个可以信赖的人，也向您诉说我的心事。

我有两个儿子，都已成家立业，儿子媳妇工作也不错，对我们也孝顺。按说这不是挺好、挺随心的吗？可真应了那句话，“家家都有本难念的经”。也许您想也想不到，我的两个宝贝儿子和两个儿媳，好像串通好了似的，都不要孩子。您说这叫什么事儿？一代又一代，过日子，不就是过的人吗？没有人，没有孩子，这叫什么日子？

哎呀，我不知道操了多少心，更不知道费了多少话，可孩子们就是不听你的，说这叫“丁克家庭”，说现在很普遍。

老伴也劝我，说儿孙自有儿孙福，让我别着急，照顾好自己是最重要的。我也是有文化的老人，也不是老顽固。可想起来，心里还是希望哪一天也当一回奶奶，怀里抱个小孙子或是小孙女。

转眼，大儿子和大儿媳四十出头的人了，是没指望了。对二儿子和二儿媳，说心里话我是还没死心。他们刚三十出头，我看他们好像也没有死心塌地地当什么丁克。不知道您对丁克家庭怎么看？我很想再做做他们的工作，您说对不对？如果没什么不对，我该怎样做他们的工作？也希望您帮我想想办法。

心理援助：有一种爱叫“放手”

您好！首先我明确表态，支持您的想法。您是个好妈妈，哪个父母不惦记儿女一辈子？谁有了儿女，不想当一回爷爷奶奶或姥爷姥姥？我的孩子也已经成家，我也到了有人叫姥爷的岁数，非常理解您的心思，您的心思是人之常情。

不过，您问我对丁克家庭怎么看，我的看法不一定对，但我得实话实说。我的看法是，就感情说，我当然不同意子女丁克；但就理性说，丁克不丁克，没有什么对与错，完全是一种个人生活的选择。所以，这是孩子自己的事儿，家长的话可以仅供参考。这样说来，您可以把自己的想法说出来，为孩子提供参考。

不过提醒您，在做孩子的工作之前，您自己先要做好“仅供参考”的心理准备。

为了让您做好心理准备，我们先说说“丁克家庭”。所谓“丁克家庭”，通常指的是夫妻都有较好的职业，能生育但选择不生育，并且主观上认为自己是丁克的家庭。这就是说，成为丁克的标志，首先，是有生育能力而选择不生育。其次，主观上对自己丁克身份的接纳和认可。他们认为丁克是一种生活方式，这是非常重要的因素。而现实生活中，也正是这些认可自己是丁克角色的群体，能够较好地坚持自己的选择，并经营与享受自己的丁克生活。

很明显，丁克家庭大多是主动选择。再说，丁克也有丁克的道理。有调查表明，选择丁克的主要原因中，居第一位的是对中国人口问题的忧虑；居第二位的是为了使自己生活得更轻松；居第三位的是为了自我实现。您瞧，谁能说这些想法没有道理？既然是主动选择，既然选择有其道理，别人的操心，能管多大用就不好说了。所以，您可以做做二儿子夫妻的工作，不过要做好“不管用”的心理准备。

至于您的说服效果如何，用人际心理学的话说，就取决于说服者和被说服者两个方面了，也就是要看您怎样劝说和孩子的态度如何了。从被说服者来说，如果您的孩子还没有死心塌地，还有些犹豫，您说出自己的意见“仅供参考”，就很必要了。就是说，您的劝说可能产生较好的效果。

至于劝说方法，有很多，比如，营造气氛，以退为进；消除防范，以情感化；争取同情，以弱克强；善意威胁，以刚制刚；投其所好，以心换心；等等。最根本的是，让被劝说人从中受益，就是说，您得是替儿子媳妇着想，不能光为自己。具体的就不细说了，这里有一个真实的故事，或许对您有所帮助。

这是一个年轻人讲述的故事：在经过 3 年的持久战后，我们终于败下阵来。上个月老婆成功怀孕，标志着又一个丁克族的“沉没”。我妈成了“最牛婆婆”。我妈为了让我们生孩子，用尽各种方法：给我老婆买情趣内衣，承诺生孩子就给 50 万元，假装离家出走，等等。

这位“最牛婆婆”的经验是什么？

她说：当时儿子媳妇提出要做丁克，我们没有多想，以为他们玩够了自然会想生孩子。可两年过去了，一点动静也没有，我们才确信。在教育无果后，被逼走上“大战”的道路。看到别人的孩子成家后都有了下一代，心里特别难过，回家总是要跟他们抱怨几句，可时间长了却起了反作用。让子女放弃丁克的想法，还是要一步步来，不能急于求成。首先要动之以情，晓之以理，有理有据地阐述做丁克的弊端，在他们心理上造成旋涡，让他们脑子里有所挣扎，这就算成功迈出了第一步。然后要各个击破。夫妻俩总有一个人相对不那么坚定，要找到孩子们的心理弱点，尽量“拉拢”，让这个跟那个吹吹枕边风，这样就成功一大半了。

当时我就看重儿媳喜欢孩子的特点，就买些时下最流行的情趣内衣送给她，慢慢地得到了儿媳的理解，让儿媳动了心，很快儿子也就转变了。

您看，这位婆婆的经验对您是否有所启发？

最后我想说，您老伴说出了一个最朴素也最深刻的真理——作为老人照顾好自己才是最重要的。为儿女操心，是父母的爱。但有一种爱叫“放手”，该放手时就放手吧。为了孩子幸福，更为了自己心安，这也许才是最根本的。您说呢？

女儿闹离婚，我该怎么办

心灵困扰：真让他们就此分手吗？

马老师好！我是个快60岁的人了，一个儿子已经成家，一个女儿也出嫁了。本来可以过安闲的日子了，没想到女儿的婚姻出了问题。

女儿和女婿是中学同学，自由恋爱结婚。女婿因为工作需要，经常出差，一出去就很长时间。女儿带着刚出生不久的孩子和公婆一起生活，时常有点小摩擦。最近一次，女婿又外出好长时间。在这期间，婆媳两个人再次发生了冲突，吵了起来。女儿一气之下给我们打电话，让她哥哥接回了娘家。到现在差不多两个月了，她公婆也不来看看孩子。

直到前些天，女婿打电话说该回来了。本来女婿和女儿说好，先来看孩子，再回老家。结果女婿还是先回了老家，先看了他妈，才来我们家看女儿娘俩。我女儿就生气，我们也不高兴。说好了先看孩子，怎么心里只惦记他妈？

更气人的还在后面。女婿来我们家里，我们只是说了他们婆媳生气的事情，也没有说什么气话。最后我们只是提出，考虑到他们婆媳关系这样僵，回家去也不好相处，他们三口就先在外面租房住。他们已经买了新房子，不久就要下来了。我们想这样也省得婆媳在一起别别扭扭的。女婿本来同意了。

可是没想到，女婿回家后，再回来又说不同意了，坚持要接她们娘俩回家去住。一个男子汉怎么说话不算话？我知道是他父母又说三道四了。他父母怎样能这样搅和？女儿还是坚持租房子，结果两个人就说僵了。最后女婿居然说："如果你非要坚持租房子、坚持不回家住，那咱们就分手！"女儿就气得哭了。看女儿难受，我也很生气，怎么你心里就有你妈，没有我这个妈？老伴儿劝我，不要这样闹僵了，要慢慢商量。可是，女儿说："他处处听他妈的，一点儿也不把我放心上，这样日子怎么过下去？我跟他离婚！"

说实话，我也很生女婿的气，可是真让他们就此分手吗？

心理援助：跨越自我中心这道心障

您好！可怜天下父母心，为儿女，父母总有操不完的心。这样的事儿，让谁不操心，谁也做不到。但是，还是先劝您一句，儿女的婚姻，是儿女自己的事儿，当老人的还是要后撤一步。这样您才能平心静气一些。不然，您在气头上，孩子很容易受影响，闹不好只能给孩子们帮倒忙。很高兴您有想劝劝女儿的想法。但是，您得先劝劝自己。您不再生女婿的气了，才好劝女儿。您说是不是？

下面说说我的看法。

在人际关系心理学上，有个"自我中心倾向"的说法。所谓"自我中心倾向"，意思是说在人际交往中，人们容易一切从自己出发，不会从别人的角度想问题，因此非常容易陷入情绪化，妨碍人清醒地认识问题，妨碍人们相互沟通与理解。可以说，自我中心倾向是人际交往中常常遇到的一道心障。许多人际之间的矛盾冲突，往往并不是谁对谁错的问题，而是自我中心倾向惹的祸。

您女儿和她婆婆的冲突，您女儿和女婿的冲突，以及您和女婿及其家人的冲突，很大程度上都是自我中心倾向惹的祸。由于自我中心倾向，一切习惯了从自我出发，于是只想到了自己的感受，忽略了对方的感受，于是矛盾来了，冲突来了。

那么，在人际关系中，怎样才能跨越自我中心这道心障呢？

要跨越自我中心这道心障，就需要学会心理换位。心理换位就是人与人之间在心理上互换位置，设身处地地从对方的角度去理解和处理问题，深刻体察他人潜在的行为动因，从而促进相互理解的一种心理活动过程。

看得出，其实您是个讲道理的人，我们就来心理换换位。您也有儿子，也有儿媳。假如你们婆媳也发生了冲突，儿媳回了娘家。儿子回来了，您是希望他们就此去外面租房住呢，还是希望儿子把媳妇和孩子接回家来住？这样来个心理换位之后，您一定也支持接回家的做法。而且我敢说，如果做一个民意测验，一定是接回家住的支持率高。就是说，先不说婆媳冲突谁是谁非，作为儿子和丈夫这样一个中间人，接妻子和孩子回家去，怎么说也是人之常情。

换个角度说，婆媳有了别扭就分开生活，可能就真的没有和好的机会了。而回家去在一起生活，虽然暂时还会别扭，却有了更多磨合的机会，婆媳关系也许会慢慢改善起来呢。

再有，新房已经就要到手了，分开住也是早晚的事儿，与其为回不回家住双方较劲，不如顺水推舟给女婿一个台阶，给大家和好创造一个机会？

至于女婿回来先去看他妈妈，咱也来个心理换位。假如您的儿子外出多日回来了，那边是老婆，这边是老妈，您希望儿子先看谁？那个“老婆和老妈掉进河里你先去救谁”的问题，其实不是褒扬女人的智慧的，也不是考验男人的感情的，而是嘲讽那些自以为聪明的女人的愚蠢的。真的，一个连生你养你的亲娘都不爱的男人，怎么可能真心地爱妻子？从这个角度说，您的女婿回来先去看他妈妈，听了妈妈的话提出要接妻子回家住，应该说也是人之常情。要不，咱再心理换换位，您的儿子如果心里只有老婆没有妈，如果老婆说啥是啥，你又做何感想呢？

当然，女婿还可以更妥善地来交流与沟通。但到底女婿还是年轻人，还是个孩子，看到了女婿本质不坏，即便有些不妥，不也是可以原谅的吗？

相信现在您已经心平气和了。看来许多事，只要来个心理换位，就会换来一份平和的心情。心情平和了，您就会对女婿多一分理解，就会给女儿多一些积极的影响，就是给年轻人的婚姻又送上了一份祝福！

儿子闹离婚，房子该归谁

心灵困扰：该不该继续争这个房子？

马老师好！我今年60多岁了，遇到了一件闹心事，请您帮我分析分析。

我的独生儿子今年30岁，大学毕业后在天津工作，就在这里安了家，三年前结了婚，去年生了一个小孙子。我们老两口跟他们来这里帮他们看孩子，他们两个上班。本来，这不也算幸福的一家人？可是，他们小两口关系总是不好，闹到了离婚的地步。我们劝儿子也不管用了，就由他们吧。

没想到更麻烦的事儿还在后边，为房子归谁双方闹得非常不愉快，官司拖延了很长时间。房子是婚前儿子买的，房产证上也是儿子的名字。但是，由于买房的时候儿子从女方家长那里借了一笔钱，女方家长当时让写的字据上，有"用于共同购房"的字，现在，女方家长就拉关系、找熟人坚持要房子。房子是我们买的，是我们装修的，为了装修，我费了多少心，跑了多少腿，房子怎么能归他们？一审判决是房子归我们，我们给女方好多钱。考虑到这样的事纠缠下去也不好，所以，经济上我们认了吃亏也没再上诉。没想到对方却上诉了，说是共同购房，共同还贷，坚持要房子，为此依仗自己是当地人，更不择手段地托关系、找熟人。这样又拖延了很长时间。因此，法庭就调解，和我们商量把房子给对方，让对方多给我们一些钱。

本来，我觉得两个人终究是婚姻一场，还有了一个孩子，我是息事宁人的态度，一审吃亏就吃亏了，他们怎么还得寸进尺没完没了？明明房产证上是儿子的名字，明明是我亲自给操持装修的房子，房子怎么能归他们？还有这样的道理吗？他们怎么能这样欺负人？

为这件事儿，儿子也弄得头疼，曾经流露过，不想再纠缠下去了，要不就把房子给他们。但是，这回我坚决不答应了。房子给他们，我们就输了，官司打到最后还是得给人家腾房子，让别人怎么看？我这面子往哪儿搁？这官司不管打到哪儿，也要跟他们打到底，就是拼了老命，也要保住儿子的房子。房子就是我，我就是房子！

可是，为这事我心里越想越生气，这么长时间以来，没过过一天舒心的日子，把我都气坏了，最近身体明显不好，也出现了一些症状。自己气坏了身体不说，这样总是拖延下去，儿子怎么办？还有，现在小孙子就在我们这里，听着小孙子“奶奶、奶奶”地叫着，我也不忍心再闹下去。可是，难道我们就这样认输了吗？我们该不该继续争这个房子？实在没有办法，就来打扰您了，想听听您对这件事的看法。您甭怕我接受不了，有什么您就说什么？谢谢您！

心理援助：退步原来是向前

您好！感谢您的信任，更感谢您的坦率。这样的事儿，谁摊上了谁都闹心，安慰的话我就不说了，那就照您说的，我也就有什么说什么，好吗？说得不对的地方，就仅供参考。

您说“房子就是我，我就是房子”，只是一句较劲的气话。用心理学的话说，较起劲来，人就会陷入情绪化，想法就会偏激，就会掉进自己挖的一个坑。其实我看得出来，您不是固执的人，您说您自己也在考虑这个官司是不是还要打下去，说明您已经意识到较劲的危害。就是说，您已经有退让的想法了，只是感觉如果退让了，如果官司不打了，如果不要房子了，自己面子上输不起。是不是？

但是我要说，如果您把房子让出来，不仅没有输，而且是真赢了。

为什么这样说？

先从您孙子的心理上说。这样的离婚的官司，不同于其他官司，一边是孩子的爸爸，一边是孩子的妈妈，如此没完没了闹下去，哪有赢家？再闹下去，您的小孙子就要长大了，就该懂事了，就会感到心灵更受伤了。如果您这边能退一步，把房子让给孩子妈妈，将来孩子长大了，知道了这一切，他会说，虽然妈妈爸爸离婚给我带来了伤害，但是我爸爸够男人，我奶奶更了不起，为了减少对我的伤害，他们忍辱负重，宽宏大量。这会有助于您小孙子的健康成长。有了您小孙子的健康成长，您说不是赢了是什么？

再从您儿子的心理上说。您的儿子肯定要再婚，要开始新的婚姻生活。但是，现在的房子里，记载着过去婚姻生活所有的伤心和痛苦。触景生情，不难想象，这所房子也容易勾起他伤心和痛苦的记忆。如果他们未来的婚姻生活被这样的记忆所打扰，是不是会少了很多幸福时光？如果您这边能退一步，让出现在的房子，重新买一套新房子，开始您儿子未来全新的婚姻生活，就会少一些过去伤心和痛苦记忆的打扰，他未来的婚姻将会多一份幸福。有了您儿子的未来幸福，您说不是赢了是什么？

最后从您自己的心理上说。如果您继续争下去，对孙子的不利影响，对儿子的不利影响，自然会对您的心理产生不利的影响。您看到小孙子心灵受伤，您看到儿子心灵痛苦，您的幸福怎能不减分？还有更直接的，对您自己的身心也必然会造成相当不利的影响。对这个危害，现在你已经感受到了。继续下去，只能危害更大。而且，您儿子已经不想再纠缠了，如果您继续下去，岂不是让儿子为难？再说，到头来，就算您争到了房子，您会有胜利的喜悦吗？如果您这边能退一步，让出现在的房子，您也就早一天告别了自我纠结的痛苦，您也就能够早一天开始自己的新生活，而且，还会为自己是一位宽宏大量的老人而骄傲。看到儿孙多一份幸福，您也就更感到自己是个幸福的老太太。有了幸福，您说不是赢了是什么？

咱再算算经济账。之所以有房子归属的纠葛，是因为经济上有纠葛，也就是对方坚持的“共同购房”和“共同还贷”，难说是谁巧取豪夺。现在，您让出了房子，您不用给对方钱了，对方要多给您钱，两笔钱加起来，也足够让您买一套新房了，又何必非要争旧房子？

一句话，让出房子，不是输了，而是赢了，不是走投无路，而是走上了一条通往新的幸福生活的光明大道。您说不是吗？

说到这里，我忽然想到了写稻农插稻秧的那首禅诗：“手把青秧插满田，低头便见水中天。心地清净方为道，退步原来是向前。”真的，生活就是这样，表面看来似乎是后退，其实是前进，是让我们的生活更好地走向前，走向前面更阳光的生活。

为儿子复婚而纠结的老爸

心灵困扰：究竟他们复婚还有没有可能？

马老师好！两年前，因为儿子暗地里炒股，让儿媳知道了，儿媳劝阻无效，两个人争吵之后开始冷战，分居了三四个月。儿子虽然是孝子，可儿子这样做明显不对。但是，这些事先我都不知道。等我知道了，两个人已经在民政局办好了离婚手续，孩子协议归爸爸。两套房子，一人一套，孩子妈妈住现在的房子，孩子爸爸和孩子一起来到新买的房子住。我自己一辈子要脸面，不论是工作还是家庭，都不让人小瞧，可偏偏儿子的婚姻居然到了这步田地，这可怎么见人？

两个人分手后，儿子还要上班，怎么带孙子？我们老两口只好帮助儿子装修了房子，和儿子搬到了一起住。孙子 11 岁了，好像什么事都懂了。看着他们父子俩出来进去的，我心里说不出的难受。

因为孩子，虽然他们离婚了，却还有联系。可是，因为孩子每次联系都吵架，都说很气人的话，都是不欢而散。常常是妈妈想接孩子去，爸爸不愿意，两个人就吵。结果，开始孩子还愿意去妈妈那里，后来都不敢去了。

有时候，孩子去了妈妈那里，回来我们就问孩子他妈妈说了什么，问他妈妈那边的情况。起初孩子实话实说，告诉我们他妈妈怎样说他爸爸不好了。他爸爸就和他妈妈在电话里大吵起来。

结果，后来孩子从他妈妈那里回来一句话也没有了。

说实话，我也很想从孙子嘴里知道一些孩子妈妈的情况。我是有一线希望也想让他们复婚。一次我禁不住和孙子说起这件事儿，孙子说，复婚的可能性也就50%。这就很有可能了。儿子和孙子说过，要等他妈妈再婚了，自己才再婚。这让我对他们复婚的希望越来越强烈了。说心里话，为了孙子，他们要是能够复婚，我什么条件都可以答应。

让我心里有点庆幸的是，直到现在，孙子的妈妈一直也没有再婚。既然他们两个都没有再婚，又有孙子在中间联系，我想他们复婚总是有希望的。

可是，前不久的一天，孙子的妈妈来接孙子。我在楼上看到同时来的还有一个男的，有说有笑的，我立刻心里发堵，很纠结，很难受。就和儿子说了。没想到为此两个人再次在电话里大吵大闹起来。这还不算，晚上，孙子的妈妈一家三口，找上门来大吵大闹。说那个男的只是一个一般朋友，当时是顺便去帮助修车的，再说，即便是男友谁也干涉不着，凭什么说三道四？

后来，虽然这件事情总算平息了，但两个人的关系更僵了，至今还没有任何联系。这样僵持下去还怎么复婚？您说，究竟他们复婚还有没有可能？

心理援助：儿女的事该放手时就放手

您好！综合您说的情况，我看两个年轻人复婚的可能性不是没有，而且可能性很大。一来，两个人吵架，也许正是缘未尽，如果情断意绝，如果缘分已尽，也就没有架可吵了。二来，两个人都没有再恋爱，都没有再婚，也很可能是旧情未断。

但是，有一个前提是必须的，那就是要顺其自然。就是说，不要有太多的外力，不要让双方看在老人的分儿上，尤其不能让当儿子的为了老爸而复婚。也就是说，不论复婚与否，都要顺其自然，都要取决于当事人双方自己，都要取决于当事人双方的心灵成长。如果有了心灵的成长，如果情缘依然在，那么，两个人复婚就是开始了新的生活，就有了新的生活方向。反之，如果过多的外力作用，比如为了孩子而复婚，为了老人而复婚，当事人双方却没有心灵的自我成长，那复婚不过是重复过去的故事，必然会旧病复发，会故态复萌。果真如此，岂不是让所有的人再次受伤？

总之，婚姻是儿女自己的事，结婚自己做主，离婚自己做主，复婚当然也要自己做主。如果父母过多地干预，不仅剥夺了孩子们自我成长的机会，还会把原本可能的复婚给弄砸了，没有帮上忙反而添了乱。您说是不是呢？

儿子作为婚变的当事人，心态正处于不平稳的状态，需要有人帮他沉静下来反观自己过去的婚姻。可是，您这位老爸如此焦灼的心态，在和儿子的交流沟通中，除了火上浇油，除了让儿子更心烦意乱，能传递给儿子多少有益的信息，能提供给儿子多少有益的帮助呢？

还有，您作为老爸，茶饭不思，愁眉不展，岂不是都会成为儿子沉重的心理压力？您的儿子又是孝子，来自老爸的这种心理压力怎能不影响到儿子的选择？如果您儿子真的只是为了老爸而选择了新的生活，那么，不管是复婚，还是再婚，都会埋下新的隐患。您想是这样吗？

为今之计，您该怎么办呢？

儿女的事儿，该放手时就放手。这样，您就从内心深处让自己解脱了。更重要的是，一旦您有了平和的心态，就会影响儿子，让他也有平稳的心态，不再冲动，不再吵架，他们双方也就都有了一个自我心灵成长的时间和空间，也就都会对自己的未来生活有理性而成熟的选择。

至于最终结果吗？还是那句话，顺其自然，让时间来做判定吧。

您是一位足够有智慧的老人。如果说我们的沟通对您有什么帮助，不过是帮您尝试着对自己的事也要冷眼旁观。人都容易当局者迷。所以，我们面对生活迷局的时候，都需要学会跳出来，站远一点，当一回旁观者。您说是不是？

第四部分 待人处世：一份豁达一份安然

人到老年也有必修课

心灵困扰：什么是老年人的必修课？

马老师好！看过您写给老年朋友的信，我也想和您说说心里话。

我是个就要退休的人。今年刚过完年后的一个早晨，我照常去散步，忽然就想到：再有人问起多大啦，得说59岁啦。时光真是太快了，一不留神，“奔六”啦，还“奔”什么？再不留神，60岁就过去了。还拿自己当小伙子？不行了。于是我就想，年纪奔花甲了，就准备当老人吧。

可是，那天又忽然想到，这老人是随便到岁数就会当的吗？

常言道：“活到老，学到老。”过去，我以为就是了解新信息，学习新知识，掌握新技术，比如，老了也可以学电脑、发邮件、开博客；老了也可以学书法、学绘画、学舞蹈；老了也可以看报、读书、了解社会、研究问题；等等。那天几个老友聊天才知道，活到老学到老，主要不是说学这些，而主要是说应该学哪些老年人的必修课。您说，什么是老年人的必修课？请您谈谈好吗？

心理援助：关键是做到不讨人嫌

您好！您的问题挺有意思。咱们年龄差不多，就当老朋友聊聊天，不说那些专业术语，交流一下个人体会，好吗？

确实，不同年龄的人应该有不同的必修课。活到老学到老，主要应该是学那些老年人的必修课。就像小娃娃学习“再见”“谢谢”的礼貌规范用语；就像孩子初入学学习学生守则；就像初婚的人学习生育常识；就像年轻人初入职场学习职前培训。这，才是不同年龄人的必修课。老年人，自然也应该有老年人的必修课。

那么，什么是老年人的必修课？

那天收到一封电子邮件，才让我茅塞顿开。发来邮件的是一位老先生，一家出版社退休的资深编审。当年，老先生就是编完我的一套丛书后退休的。多年来一直保持联系，老先生常把一些好东西发来让我分享。

最近，老先生知道我也该退休了，就常给我发来一些给老年人看的东西。这不，这天打开电子邮件附件，上面说到老年人的必修课，关键是做到几个“不讨人嫌”，简直好像就是说给我听的句句箴言。

比如，我终于也荣升为单位里的“一号老头”了，别人称“老马”，进而“马老”，自己也就偷偷地常拿岁数大了当本钱。于是，老先生嘱我切记：岁数大了不是本钱。这年头什么都值些钱，就是岁数不值钱。喊你声“老头儿”没什么错，叫你声“老先生”是对方的教养。年轻人凭力气抢先占优，那是生物本能；有人给你让个座，一定要记着说声“谢谢”，那是有幸碰到了大好人。

比如，我不知从哪一天起，也喜欢上了“忆当年”。孩子们常常笑我：这是您说第 N 次了。可我还是一不留神就说起“想当年”。于是，老先生嘱我切记：“想当年”不是人人都爱听的话。如今不是忆苦思甜的年代，没人愿意享受你的光荣历史和坎坷经历。你吃过的野菜，现在变成了高档佳肴。因此，“想当年”的话题要适可而止，毕竟“当年”

不如“当今”更实际。

比如，我常常自以为过的桥比孩子走的路还多，对孩子的事儿，对孩子的孩子的事儿，这也不放心，那也不放心。于是，老先生嘱我切记：少管闲事，特别是家中的“闲事”。子女的生活，苦辣酸甜得自己品；孙辈的教育，是子女的事，不是你的责任。与子女相处，千万不要喋喋不休，大事上表个态，至于他们听不听别计较。子女征求你的意见就是敬重，自己要主动追求个清闲自在。

比如，我虽说想到过，老了要努力靠自己，却也有时候想，人心换人心，自己为孩子们做了那么多，将来对我错不了。于是，老先生嘱我切记：自愿付出时别想着回报。帮子女做饭、洗衣、照看孩子，没有不叫苦的，但千万别当着子女的面倾诉。理解不理解的要多些淡定，权当是为社会做了义工。“付出”是送给别人的东西，千万不要想着再“找补”回来，那会让所有人都不愉快。

比如，我虽说知道钱是身外之物，可有时候还是为钱的事儿费心，做不到有些老一辈革命家那样“从来不沾钱”。于是，老先生嘱我切记：用好退休金是学问。对亲朋好友自不必说，就是子女买来东西孝敬，也一定要说声“谢谢”，想着付钱。世上没有免费的午餐，享受和谐快乐也要掏银子、出本钱。把数得过来的退休金花出学问，是一种智慧，“人死了钱没花完”真不如生前开明大义些；把积蓄全花光了，也不是个办法，毕竟“人没死钱先没了”会更悲哀。

比如，我即将退休在家，虽说自己天性耐得住寂寞，却也常常为《常回家看看》而感动，在自己常去看看父母的时候，潜意识里也盼望孩子们到时候常来看看自己。于是，老先生嘱我切记：消除寂寞根本还在自己。老了，别老想着靠子女，交几个老友，是应当尽早做的事情。当你不能再随意走动时，依然可以给老友打个电话，去交流喜欢的美好话题。即使更多时候独守长夜，也要会把忍受变为享受。因为今生只有一个人能永远与你在一起，那就是你自己。

您瞧，真不是到岁数就自然可以当好老人的，老人也有老人的必修课，这才叫“活到老，学到老”。那就让我们来共同学好这门当好老人的必修课吧。

人老话多怎么办

心灵困扰：难道我真的成了唠叨老太婆？

马老师好！我是一位60多岁的退休女医生。退休以后，闲下来没事可做，我就经常在丈夫和女儿面前翻来覆去地旧事重提，希望得到家人的支持。丈夫和女儿都不愿听，说我说的是“陈芝麻烂谷子”，说我得了心理疾病。我自己从医近30年，得了病自己还会不知道？他们分明是专门和我作对。

我还听女儿和别人说：“不知为什么，我母亲退休后话太多了，越不让说，越唠叨个没完，除了过去在工作上遇到的事，连早点、稀饭的浓淡也要指指点点。对我的穿戴从头评到脚，对我丈夫不常在家也非常不满，一再叮嘱我要严加管束，还让我追问丈夫每天的行踪。就是看电视，也不管不顾地充当画外解说，特别是画面上出现医院或医务人员工作的镜头时，她更是喋喋不休，给我们讲述她过去做过的一例例手术，有时说得兴起，又是皮肤又是肌的讲起来没完，直到别人嫌烦离开……”

其实，这话女儿当我面也说过，说我人老话多。我也感到自己人老话多了。难道我真的成了让人烦的唠叨老太婆？这是为什么？我该怎么办？

心理援助：要主动进行心理调节

您好！您不用特别担心，树老根多，人老话多，也是常理。人上了岁数话多了，一般来说不算病，而属于心理年龄特征，就是说，这是正常的。

但是，如果人老话多过头了，整日唠唠叨叨，喋喋不休，就属于心理障碍，就应该进行心理调整了。所谓人老话多过头了，主要表现为说话翻来覆去，凡事爱多嘴，在家中什么都看不上眼，都要说几句；好指点他人，对小辈生活的事不该管的也要管；常爱提起往事，津津乐道，爱炫耀过去的成绩；等等。

为什么人老容易话多呢？

总的来说，人老话多是一种老年人回归心理的表现。所谓“回归心理”，就是迷恋过去，感觉过去比现在好，喜欢沉浸于过去的回忆之中，不愿意面对眼前的现实。随着生理功能的老化和社会参与性的降低，有些老年人的心理状态和行为举止，就容易回归到过去的岁月，有时甚至会回归到儿童时代，表现出孩子般的心理。

在回归心理作用下，人老容易话多还有几个具体原因。

第一，这是老年人排除孤独的一种方式。人的健康心理需要经常接受丰富的环境刺激，而多数老人已经离开工作岗位，原来从工作中所获得的刺激没有了，只好把注意力集中在一些日常“小事”上。为排除寂寞，只好借助于唠叨。

第二，这是老年人对晚辈过度关注的表现。由于回归心理，老年人容易回首往事，就容易感慨良多，因而喜欢对晚辈进行传统教育，对下一代，甚至下下一代，寄予厚望，从而表现出过分关切，近乎啰唆。

第三，这是老年人心理指向内化的表现。老年人由于精力不足，许多事不能直接参与，这种人际关系的退缩，增加了他（她）对自己的关注。就是说，老年人心理能量更多指向内心，指向回忆、幻想以及富有意义的自我形象中。因此，就容易借助话语表白自己，以求得心理平衡，维护自己的尊严。

第四，这是老年人大脑退化的表现。老年人的大脑，总会有不同程度的萎缩和血管硬化。因而，他们往往控制不住自己的讲话和情绪，而且语言缺乏逻辑，主次不分，或者话题无中心，重复啰唆。

第五，这是老年人记忆老化的表现。老年人对眼前的事情容易遗忘，这叫近事记忆不好，所以，对自己刚刚讲过的话很快就忘记了，于是，就容易总是重复同样的话。同时，老年人的远事记忆很好，对陈年往事记忆犹新，于是，容易津津乐道陈年旧事，不是炫耀，就是诉苦。

那么，我们应该怎样面对人老话多这个问题呢？

第一，我们老年人要主动进行心理调节。

最重要的是，老年人对自己的心理要自我了解。有了自我了解，就会主动自我调节。您能对自己人老话多有所觉察，就是自我调节的前提。自我心理调节的一个原则就是，想方设法充实自己的生活。比如您，就可以每天多做一些力所能及的家务事，在忙碌之中感悟自己的存在。这样，就不会像现在那样闲着没事而话多了。这可以叫作家庭作业法。同时，还可以采取社会影响法。在您又开始反复重提旧事的时候，由丈夫提出去散步的要求，到外面的世界放松放松。另外，还可以采取活动替代法。比如，参加一些社区的公益活动，或者去老年大学，一起看看书，练练字，打打拳。生活充实了，就没时间唠叨了。

我自己这方面很有体验。由于读书、写作越来越忙，除了在心理咨询工作中，其余很少说话，更没工夫说闲话了。我还知道一位岁数更大的老人，80 岁了还每天端坐桌前写一手漂亮的蝇头小楷，哪有工夫唠唠叨叨？

第二，需要家人特别是晚辈给予积极的心理支持。

首先是充分理解老人。晚辈要了解一些老年人生理、心理方面的知识，理解老人。有了理解，就会少一些抱怨，多一份包容。其次是积极疏导老人。比如，鼓励老人学画画儿，练书法，培养新的兴趣爱好。同时，多给老人找些事干，使老人感受到自身存在的价值。最后是适当陪伴老人。比如，晚辈可以利用休闲时光陪同老人出游，既增加了亲子感情，又营造了家庭氛围。必要的时候，还可以采取厌恶疗法，帮助老人进行心理调整。就是在适当的时候，家人也来一回唠唠叨叨，让老人为此感到厌烦，就会意识到自己的唠叨，并主动调节控制。

如果老人特别爱回忆自己一生的成败得失，那么，做儿女的除了倾听外，不妨建议老人试着动笔写出来，留给后人。这既丰富了老人的精神生活，也不失为家庭的一笔精神财富。如果老人文化水平有限，晚辈人可以帮助整理。有一位年过七旬的老太太，她本人并没有多少文化，却硬是在儿女的帮助下，把自己几十年的坎坷人生写出来印成了书。这本书，既是一部很好的家史，也是老人家的精神财富，它使老人有一种成就感。不难想象，这样的老人还用得着每天唠叨往事吗？

如果您女儿看到了这篇文章，我想一定会给您更好的帮助。不过，还是那句话，关键还得靠咱自己。

老年人怎样避免上当受骗

心灵困扰：老年人怎样才能避免上当受骗?

马老师好！我母亲今年快70岁了，不久前被人骗了。

事情是这样的。那天，母亲一个人在离家不远的地方遛弯。走到一个路口处，老人看到几步远的地方有一个亮东西，走近一看，是个金戒指，闪闪发光。就在老人想弯腰捡起的当口，一个小伙子的手和老人的手同时拿到了金戒指。小伙子赶紧提出："金戒指至少得值好几百元，虽说是咱俩一同看见的，但是您年纪大，干脆这么着，金戒指归您，您给我100元钱得了。"我母亲掏遍了全身，只有50多元钱。小伙子故作为难地说："和您这么大岁数的老人真不好计较，就这样吧。"等老人回家后告诉我们这件事，我们才看出哪里是什么金戒指，不过最多值几元钱的假货。

类似的事情我们也常听说。前不久，小区里一位大爷家里来了一名推销员，推销一种生活用品。推销员说这个用品如何如何便宜，大爷没听过这个名字，但听说便宜就买了一盒。后来才知道比商店里卖的还要贵好多。据我了解，被骗的常常是一些老年人，有的老人买东西被骗，有的老人帮助别人也被骗。

您说这是为什么？老年人怎样才能避免上当受骗?

心理援助：进行心理调整，做好心理防卫

你好！来信所说的老年人容易被骗的情况，的确在现实中常有所见，其中与老年的一些心理特点不无关系。

人到老年总会有一些心理特点。一是有些老人的认知能力退化。这是由老人的心理年龄特征决定的。平常有些老人说自己"老糊涂"，也不单是谦虚。人到老年的确对问题的分析、判断能力有所退化，思维僵化，因而在花言巧语面前容易受骗。二是有些老人的知识视野的局限。有些老人与现代社会生活有些脱节，对现代社会信息的了解较少，特别是对一些新鲜事物缺乏了解，就容易上当受骗。三是有些老人的人际交往匮乏。有些老人子女不在身边，缺乏人际交往，心里感到孤单，骗子的嘘寒问暖，会让老人感到遇到了知心人，于是也容易上当受骗。当然，还有其他一些心理特点，比如，有的固执己见，有的贪图便宜，有的盲目从众，等等。

为了避免上当受骗，老年人要从多方面进行心理调整，做好自我心理防卫。

一是不贪小便宜。老年人大多是从"穷日子"熬过来的，买东西时一分钱也舍不得多花，爱买便宜货。一些骗子正是瞄准了老年人"贪小便宜"的心理，用假货、劣货冒充"名牌""正品"，以所谓"出厂价""跳楼价"做诱饵"钓"老人上当。一位老人被几个在街头兜售"名牌皮衣"的人蒙骗，花了几千元为老伴儿、儿子、儿媳、女儿买了几件皮衣，结果是一堆人造革。对于这样的骗子，老年朋友只需牢记一句话——见便宜就躲，这样，就可避免上当。尤其对在街头或游动兜售的人，不管他说得如何天花乱坠，你就给他两个字——不买！再高的骗术也是枉然。

二是不做发财梦。希望发财可以说是每个人的心愿。尤其是人到老年，丧失了工作能力，退休金数额有限，加之人老多病，医药费是很大的开销，就更渴望能喜从天降，能“飞来横财”。于是，一些骗子就抓住老年人的发财心理，以假金银首饰、假字画、假文物，为你描绘出一个美妙的“发财梦”，只要买了他手中的“宝贝”，一出手你就能赚几百元、几千元甚至几万元！“发财梦”常常使有些老人迷了心窍，拿着家里所有的存折到银行给骗子取钱。教训非常惨痛。其实，面对突如其来的“发财”机会，老年朋友只需采用逆向思维的方法，就可以保持头脑的清醒。不妨扪心自问——我和他素不相识，这么好的“发财”机会，为什么给了我？若是真能发大财，他会图你那几个小钱吗？不做“发财梦”，就可以避免吃苦受骗。

三是不随意施舍。乐善好施是许多老年人的美德。一些骗子就利用老年朋友们的“菩萨心肠”，装出某种可怜状，如制造假残疾，谎称在火车上被盗，家里有人得绝症住院付不起医药费，等等，以达到其行骗的目的。所以，老年朋友们做善事，最好是通过慈善机构或有关组织，不可随意“施舍”，以防上当。

四是不盲目迷信。利用迷信思想行骗是骗子惯用的花招之一。一位老人在路上行走，一个人迎面走来惊讶地说，您老的面相不好，家人会有血光之灾。老人为求家人的“平安”，“破财免灾”花600元买了他的几张废纸片——所谓“护身符”。老伴和子女都是无神论者，没听那一套。结果，家人平安无事。因此说，只要不迷信，就不容易上当受骗。

五是不一夸就晕。人到老年常有“老小孩”的心理特征，经不住三句好话，一夸就晕。一些骗子在行骗时常常使用花言巧语，先把老人“夸”晕。所以，老年朋友们应在心理上筑起“防火墙”，对陌生人的花言巧语提高警惕。

六是不孤陋寡闻。伴随着社会的发展和科技进步，新产品不断涌现。骗子为了达到不可告人的目的，行骗的伎俩也在不断翻新。骗子之所以喜欢欺骗老人，就是瞄准了老人对新知识、新信息孤陋寡闻。因此，为了防止受骗，老年人也要跟上时代，加强学习，了解和掌握更多的知识和信息，比如，看看报、上上网、谈谈天等。信息多了，辨别能力提高了，就不再孤陋寡闻，就能及时识破骗局，避免上当受骗。

一般说来，老年朋友们注意了如上的心理调节，就能提高识别骗子的能力，避免上当受骗。现在，你母亲已经被骗，首先需要劝老人不必把这事太放在心上。更重要的是，要帮助老人了解如上的预防措施，今后不再上当受骗。其实，家人多和老人沟通，增进了交流，交换了信息，增进了感情。这样，老人有事习惯和家人说说，这本身就有助于预防老人上当受骗。是不是？

为何老人易被忽悠买假药

心灵困扰：怎么大家都被忽悠了呢？

马老师好！我上次看到个广告，说是有种保健品是古代宫廷里给皇帝吃的，是什么宫廷秘方，含有雪莲、鹿茸、人参之类的名贵药材，还送货上门。我打了电话之后，就来了个小姑娘，左一个大爷右一个大爷，嘘寒问暖了半天，还给我介绍了这东西怎么怎么好，还说能打折优惠，比市场上要便宜。最后我一口气买了三个疗程的药。吃了三个月，效果没看到，反倒把胃给吃出毛病了。本想找他们理论的，可打那电话，是空号。

不久前，我参加了一家保健品厂商组织的健康知识讲座。讲座办得很隆重，会场上彩旗招展，贴满了标语横幅。参加讲座的老年人，都可以享受到免费的茶水和点心。在讲座中，一些专家极力宣传心脑血管疾病对人的危害，让人觉得，不马上治疗就会有大麻烦。同时，那些专家说，吃了某种保健品，不仅血压不会高，血脂会下降，还能提高免疫力，预防很多疾病。还说，参加活动的老年朋友们，都可以免费获得一小袋赠品，如果喜欢，可以当场购买，实在没有钱，也没关系。结果，参加讲座的老年人纷纷掏钱，有些人还准备买了作为礼物，送给亲戚朋友。我看到大家都买了，自己也享受了人家这么隆重的招待，不买过意不去，也买了一些。但回家吃了之后，发现保健品也没啥降压效果。家里人都说我肯定是上当受骗了。

可让我不明白的是，上次是我一个人，这次可是很多人，有些还是退休的知识分子，怎么大家都被忽悠了呢？

心理援助：积极进行自我心理调节

您好！您说的老年人容易被忽悠买假药，包括买假保健品，确实不是您一个人的事儿，这是老年人都难免遇到的。说起来有其特殊的一些心理原因。

首先是老年人认知活动中的记忆特点。

人的记忆力不是恒久不变的，一般是年龄越大，记忆力越差。到了65岁左右，记忆力的持续下降过程就会变得非常明显，这自然会影响到对信息的接收和处理。从信息处理过程来看，记忆分为三个阶段：编码、存储和回忆。在信息编码和存储的过程中，老年人容易受记忆扭曲的影响，把虚假信息当成真实信息。就是说，老年人听到的虚假宣传越多，就越相信这些宣传。虚假信息的频繁出现，会使人对这些信息感到很熟悉，而认为它们是真的。年轻人虽然也会受此影响，但他们随时会提醒自己别忘了信息的虚假性。老年人却容易光注意频繁出现的虚假信息，而忘了信息的虚假性。这，就带来了老年人信息处理的两个特点。

一个是老年人接受信息时缺乏批判精神。老年人容易别人说什么就信什么，特别是来自“权威专家”的声音。因此，有人往往会扯虎皮树大旗，请一些所谓的专家来大谈特谈所谓的“国际领先理论”“高科技产品”等。此外，也有一部分老年人比较固执，偏信了这些信息之后，不大容易接受科学的信息。

另一个是老年人对信息的处理能力比较差。特别是突然获取大量新信息的时候，老年人更不善于处理。一些人正是抓住了老年人的这个弱点，进行信息狂轰滥炸。“专家”讲一些让老年人不大懂也弄不明白的专业知识，片面夸大一些疾病的危害，让老年人觉得问题严重，夸大保健品的作用，让老年人觉得不马上买药就不行。

此外，还与老年人的面子观念比较重有关。

老年人自尊心比较强，比年轻人更爱面子，渴望得到别人的赞许，所以禁不住别人的忽悠。有的老年人觉得，我都参加了别人的活动，享受了别人提供的服务，不买一些回家，心里会过意不去。于是，一些人就利用这点，用甜言蜜语来忽悠老年人，用小恩小惠来拉拢老年人。还有些老年人，觉得大家都相信了，自己不相信就是落伍，于是就随大流掏钱买药了。

最后，也是最重要的，是老年人对养生保健的过度关注。

为什么老年人容易被忽悠买假药？说到底，就是因为老了。人到老年，身体健康状况都会有所衰退，大病小情的也会找上门来。于是，老年人对药品、保健品有了特殊的关注，有了特殊的感情，甚至把健康长寿的希望，全寄托在了药品或保健品上了。这是老年人容易被忽悠买假药的最根本的心理背景。如此说来，老年人容易被忽悠买假药，也算人之常情，不用太自责。重要的是吸取教训，避免再上当受骗。

该怎样避免上当受骗买假药呢？

首先，老年人自己要积极进行自我心理调节。

买药品、保健品时，要头脑冷静，多问几个为什么，三思而后行，不要急于决定。遇到别人忽悠和怂恿时，最好以“自己做不了主”之类的理由推托。遇到忽悠得厉害的，来个惹不起咱还躲不起。再有是正确对待面子问题，不要为了面子而掏钱。当然，更不能贪图便宜。

更重要的是，正确对待养生保健。岁数大了，难免多服用一些必要的药物，多使用一些必要的保健品。但是，您不要忘了养生保健的根本，绝不在药物和保健品。保健，最根本的还是靠自己，靠自己讲究科学的生活方式，注意饮食，适量运动，心理平衡，等等。套用一句话叫作：我的健康我做主。

其次，家人亲友也要积极为老年人提供心理支持。

要经常给老年人提醒，那些所谓的权威专家是不可信的，不要迷信所谓“权威”。比如，让老人了解养生保健方面的骗局，对于所谓的免费保健讲座审慎参加。

还有，作为老年人的儿女，一般也人到中年了，平时，多跟老人在一起聊聊天、说说话，也有助于引导老人了解科学养生的信息，采取科学保健的方法。对年纪确实大了的老人，照顾中还要有督促，比如，让老人少听那些虚假宣传，真正科学健身。您是自我管理能力很强的老先生，相信您不用家人监督也会做得很好。

善待老年患得患失心理

心灵困扰：老爸怎么变得这么患得患失了？

马老师好！过去，我老爸是一大家子人的主心骨。遇到大家不好拿主意的事情，总是要找他“拍板”。可是，最近几年我们发现老爸越来越没有了过去的劲头，遇事总爱瞻前顾后，左思右想，怕这怕那的。

就说买房子的事儿吧。最近我们商量，帮父母置办一套新房子。开头老爸老妈都很高兴，有儿女的帮助，再加上自己的积蓄，钱没多大问题。可没想到这样一件好事却让人伤透了脑筋。

正好我住的小区里有一个两居室，100平方米，一楼，向阳。老爸听了也同意，就张罗签了合同。可是，等老爸看过房子，觉得面积太大了，老两口住，空荡荡的。再说，这楼房也没有个院子，还不如平房好。其实，老爸还有一层担忧，这套房得多少钱？于是，思前想后又不同意买了。

既然老人不同意，就顺着老人的意思。正好妹妹小区不远处有一套比较好的平房。老爸也觉得平房要比楼房省钱，就同意去看看房。看过房子回来，老爸一个晚上前思后想，第二天又改了主意，说这平房和原来的平房有什么两样？再说，街坊邻居也不熟。何必搬家呢？

其实，我知道老爸还有没说出来的忧虑。不论买楼房，还是买平房，自己的积蓄都不够，都要儿女帮衬。可是，这老子、儿子、女儿都出了钱，将来房子怎么办？儿女出了钱买的房子，自己住着还不得听儿女的？

越是瞻前顾后、左思右想，就越是犹豫不决。最后，老爸说，要不还在老房子住着吧。结果，大家白忙活一场。老爸的许多想法似乎也有一定道理，可让我奇怪的是，过去老爸不这样啊，怎么变得这么患得患失了？我们该怎么办？

心理援助：疏导老人摆脱过度患得患失心理

你好！你们的感觉很准，老先生的表现正是老年心理的一个特点：患得患失。

患得患失心理，其实是内心动机冲突的反映。人的活动总是受一定动机推动的。而人的动机又常常较为复杂。当这些动机不能同时得到满足时，就产生了动机冲突。动机冲突从形式上说分为三类：一是双趋冲突，就是既想得到这个，又想得到那个，两样都想要，所谓鱼和熊掌想兼得；二是双避冲突，就是对两样东西都想拒绝，都不想要，所谓前怕狼后怕虎；三是趋避冲突，就是对一个东西既想要又害怕，所谓既想吃又怕烫。很明显，动机冲突其实就是对得失的思虑。当这些动机冲突交织在一起的时候，人就会表现出患得患失。

应该说，患得患失是任何年龄的人都有的心理，并非老年人的专利。但是，确实老年人更容易表现出患得患失心理。我们看到，常常有一些老年人对待生活中的大事小情，大到买房子，小到买衣服，都容易顾虑重重，犹豫不决，患得患失。

这是为什么呢？

人生到了老年阶段，心理上会发生很大变化。

人老了，不论是社会家庭角色，还是身体、心理状况，都呈现一种退化趋势，来日不多，有些事情可能是一生的最后一次了，不能像年轻人那样“大不了从头再来”。所以，对待事情就要多一些顾虑，多一些掂量。

人老了，自我能力减弱，承受挫折的能力降低，因此对各种生活事件反应敏感脆弱，容易表现为对生活中许多事情忧虑重重。

人老了，容易缺乏安全感，担心自我利益受到伤害，就会有较多自我保护倾向，遇事也会多虑和担忧。

人老了，人格容易退回到儿童时代，表现为幼稚化，以孩子的心态对待生活。这让老人表现出可爱的一面，如单纯和天真，但也会出现孩子似的自我中心倾向，心里更多地想着自己。

人老了，心理会出现老化倾向，表现为墨守成规，难以适应太多的生活变化，对于新情况也难以适应，也会表现为对事情思前想后。

正因为这些因素，让患得患失心理成了老年人的“偏爱”。

面对老年人的患得患失心理，应该怎么办？

首先，应肯定老年人适度的患得患失心理。就老年人自身说，确实不比年轻人，许多事很难从头再来，所以，在适度的范围内，特别是一些重大事情的抉择，应该多一些斟酌，多一些思量。作为家人亲友，也应该对老年人多一些理解，允许老年人遇事多一些斟酌，不要轻易责难和非议。

其次，应防止老年人过度的患得患失心理。老年人自身应该丰富生活，增加人际交往，这样可以保持心理的年轻化，冲淡自我中心倾向，淡化患得患失心理。对一些无所谓的小事，可以采取一些技术，比如抓阄来做选择，这样也免于不必要的犹豫不决。最重要的是，老年人应对人生超脱一点，一切都是过眼云烟，曾经认真走过人生就足够了，现在许多得失都可以放下了。放下才能心安。人到老年，难道最大的幸福不是心灵的安宁吗?

作为家人亲友该怎么办?

一是理解。理解老人的返老还童的心态，就好比我们不能拿成人的心态来要求小孩一样，也不能拿我们的心态来要求老人。老人的患得患失即使有些过分，也应多一些接纳和宽容。

二是交流。如果感到患得患失已经给老人自己或家庭生活带来麻烦，应以老人便于接受的语言和形式，与老人沟通，疏导老人摆脱过度患得患失心理。

三是帮助。帮助老人想一些具体办法，比如有些事情不要老人操心，避免不必要的犹豫。对于一些生活变化，帮老人逐渐适应，让心灵慢慢变得安宁下来。

退休金让我不平衡

心灵困扰：该怎样对待心里的不平衡？

马老师好！我是一名退休工人，今年70多岁了，老伴也是一名退休工人。我们两个都算身体健康，儿女也懂事，工作也不错，孙辈们也都很好。

但是有一件事一直让我心里很别扭，很不平衡。当时也不知道怎么弄得，只知道厂子效益很不好，我们这批工人就回家了，后来落实政策总算也有了一些退休金，很少的一点，每月就1000多元，后来慢慢涨了一点。可是，和我们同龄的退休老人，其退休金却比我们多得多，每月拿三四千元，甚至还有更多的。

平时聊起这个话题来，我心里就很不平衡，有一种很别扭的感觉，不怕您笑话，有时候甚至弄得吃饭、睡觉都没心情了，就是感觉不公平。有一阵子，我甚至都想联系几个老伙伴去反映这个问题。可是，一联系才知道，有的老伙伴都不在了，还有的身体闹病行动不便。这才让我把这件事放下来了。

可是，我知道自己心里还是没放下，还是有点不平衡的感觉。我该怎么办？想听听您怎么看？谢谢！

心理援助：低调人生的自我期望值

您好！谢谢您的信任，也理解您的心情，都是同龄人，都是退休的老人，待遇却有很大的不同，真是有点不公平，真想帮您找个地方讨个说法。

可是，转念一想，古往今来，国内国外，您说哪儿有绝对的公平？公平永远是相对的，差别才是绝对的。您也知道，政府正在努力调整退休金政策，提高退休金水平。但是，不管怎样，退休金就会不一样，就会有差别。您说是不是？

您说想听听我的看法，我倒想起了一件往事。

那是几年前参加一位退休同事的追悼会。这位同事年长我几岁，工作时积极进取，一直在第一线干到退休前最后一天。退休后还热情不减，在一个单位返聘，很辛苦，就为了多挣俩钱。可是，谁也没想到，这位同事刚刚退休不久就病逝了。参加完追悼会回来的路上，一位也将退休的老同事不无感慨地说了一句，真是不怕挣得少就怕走得早啊！一句话让我们几个老同事唏嘘不已。

您说和您同龄的老伙伴有的病了，有的走了，您也就不想再去反映了，是不是跟我们当时一样的心情？就是啊，想想走了的人，我们能好好活着，岂不是该一千个满足一万个满足呢？人都没了，还争个什么高低？我们都到老年了，还争个什么钱多钱少？还争个什么平衡不平衡？

一个故事中说，一位父亲带着孩子满街买鞋，走过了数不清的鞋店，竟没有一双孩子满意的鞋。于是请教专家怎么办？专家答曰：别再带孩子跑鞋店了，带他去看看失去双脚的人吧！那言下之意我们自然明白：孩子的目标太高了，应该想办法降低他对目标的期望值。

令人遗憾的是，受这种不切实际的高期望心理所困扰的，绝不仅仅是孩子。不少到了中老年的朋友，也对生活不满足，依然为高期望心理所困扰。这个故事告诉我们，如果一定要比，不妨和生活不如我们的人比一比。你一定知道，有多少老人没有退休金，有多少老人还在为衣食奔波？

说到心情好不好，说到心理平衡不平衡，从心理学角度说有个认知调节的问题，就是说，往往在于我们怎样看待生活，怎样期待生活。

心理学上有个情绪指数的说法，用“情绪指数”来衡量人的情绪，其公式为：情绪指数＝期望实现值／内心期望值。这个公式告诉我们，在期望实现值一定的情况下，内心期望值高，其情绪指数就低，人就体验到较多的消极情绪；反之，情绪指数就高，人就体验到较多的积极情绪。

不断提高自己的人生期望值是人的本能。这自然有其积极意义，它是个人进取和社会进步的一种心理驱动力。但“物极必反”，一味不切实际地以过高的期望值来对待人生，也许是有些人每天都在郁闷愁怨中消磨宝贵时光，终生不能享受生活的快乐和幸福的心理根源。因此，实事求是、较低的自我期望值，也许正是智者所为。

再有，当我们相互比较的时候，往往会以人之长比己之短。就是说，人总是习惯比自己没有的，而忘了自己所拥有的。智慧的做法是换个角度，以人之短比己之长。这样一比，我们就会多一些自我心理平衡，多一些知足。

回到您的问题上来，您有健康的身体，有相依相伴的老伴，有懂事的儿女，有健康的孙辈，还有一笔退休金。想想看，有多少老人没有这份幸福？

最后还想说，我们活着总想得到些什么，总以为活着就是不断得到的过程。但是，摆在我们眼前的事实是，不管我们愿意不愿意，人活着其实更是一个不断放弃的过程，年龄越大，该放弃的越多。随着年龄的增长，我们得放下工作，放下事业，放下名，放下利，放下家庭，放下儿女，最后还要放下我们自己这个身体，放下我们的生命。既然这样，与其被动地、无可奈何地放下，何不主动地、顺其自然地放下？如此，我们还有什么不平衡的呢？

希望我们的交流能给您的心灵送去一份平衡，送去一份安宁。祝福您！

为什么借题发挥伤害我

心灵困扰：怎么凭空闹出这么个麻烦？

马老师好！最近我遇到了一件烦心事，不知道怎么办好，想请您帮我分析一下。

我因为神经衰弱，在一家私人诊所针灸，给我治疗的是一位60来岁的女大夫。一天一次，一个多月了，大家也就熟悉了，大夫对我挺好，治疗效果也挺好。本来是件好事，没想到后来却出了烦心事。

这家诊所收费是10天交一次，私人诊所也没有收据，就是大夫在本子上打个钩。也许是岁数大了记性不好，也许是说话有嘴没心的毛病，那天闲聊中有人说起该交钱了，我就说了一句："我们好像也没交呢，怎么交钱还可以过期吗？"说完想起来，上次的钱还是按时交了的。说完，事情也就过去了。当时大夫也没说什么。

没想到过后大夫打来电话说："你们上次的钱还真是没交吧？"我就和大夫说交了，解释了好多，说了当时的好多细节。大夫不耐烦地说："好了，不说了，又来患者了。"天地良心，咱绝不会赖账，我是真交钱了，大夫怎么也以为我没交钱呢？大夫还能故意讹人吗？大夫是不是让我给闹得自己也弄不清楚了？之后我还继续去那里扎针，大夫也不再提这件事儿。

可是，大夫虽然不再提交钱的事儿，却总是借题发挥，说什么做人要正直、要实实在在，说什么自己从来不会做对不起人的事儿……听得出来，都和那件事有关，而且总是感觉她在含沙射影地说我。一次两次也就罢了，她却没完没了，不管什么事都会说到这类的话。

这让我很难受，很郁闷。我当时只是有口无心的说了一句话，明明交钱了，她后来好像也知道我交钱了，要不那么多钱她能就不提了吗？可她怎么还跟我没完没了了！这几天真让我受不了了。但是，我想她原来对我还不错，治疗效果也挺好，就一直忍着。可是，您说我是去治病的，照这样我不是该添病了吗？

在家里说起来，老伴也怕我再闹出什么别的毛病，就想正式地找大夫当众再次说清这件事，如果实在不行，就算前面忘交了再补交一次钱，总之是想让这件事过去。可我们又担心这样好像不太好。唉，怎么凭空闹出这么个麻烦？我绝不是赖账，我们真的交钱了，可她为什么总是这样借题发挥伤害我？

心理援助：不知不觉间的自我心理防卫

您好！首先，我非常相信，您没有赖账，您一定按时交了治疗费。而且，我想大夫后来也确信您是交了治疗费的。但是，为什么大夫会有那样的表现呢？

用心理学的话说，这是在进行自我心理防卫，这种心理防卫机制叫作“合理化作用”。所谓“合理化作用”，又叫“文饰作用”，说的是人遭受挫折或无法达到所追求的目标，以及行为表现不符合社会规范时，不知不觉间用有利于自己的理由来为自己辩解，将面临的窘迫处境加以文饰，从而为自己进行解脱的一种心理防卫机制。合理化作用，是人们运用得最多的一种心理防卫机制，其实质是以似是而非的理由证明行动的正确性，掩饰个人的错误或失败，淡化尴尬和难堪，以保持内心安宁。

女大夫之所以那样做，就是用合理化作用在进行自我心理防卫，说白了，就是为自己找找面子、遮遮羞，淡化一下内心的尴尬，让自己心里好受些。

现在您一定领会了，那位大夫为什么那样做。总起来看，正如您所说的，这位大夫不大可能故意讹人，很可能是被您的话给弄乱了，是无意的错怪。但是不管怎样，在她心里确认您已经交费后，总是感觉自己有被看成是讹人钱财的嫌疑，而这是很丢面子的事儿。于是，她要为自己找找面子、遮遮羞。所以，大夫就有了您说的没完没了地借题发挥、含沙射影的表现。

这似乎是在刺伤您，其实是大夫不知不觉间在进行自我心理防卫，以自我辩解来进行自我心理疗伤，来减轻自我心理的尴尬和窘迫。生活中常常这样，我们说话好像是对别人，其实是对自己，好像是和别人过不去，其实是和自己过不去。

如果这样理解了大夫，您还觉得自己心里受伤吗？是不是该反过来同情这位大夫了？心里受伤的是这位大夫，她的自我疗伤值得同情。同时这也说明，她是个好人，从某个角度说，越是好人越会在乎面子。

这样说来，您该怎么办呢？

俗话说："揭人莫揭短，打人莫打脸。"既然人家那样的表现都是在为自己找面子，那么，这时候如果谁偏要再提起这件事来，效果会怎样呢？很明显，不管动机怎样，效果都是"揭人短"了，都会让人家再次受伤。如果你们再正式当众去和大夫交涉这件事，而且还要补交一次钱，那岂不等于"揭人短又打人脸"了？好心也没有好效果了。你们既然是为了和解，对一个在自我疗伤的人，最好的办法就是多一些同情，多一些理解，对吧？当然，还可以找机会适当示好。慢慢地，对方的伤痛也就淡去了，您心里的这个烦心事儿也就烟消云散了。

老年应该多找“老伴”吗

心灵困扰：究竟该不该多找几个“老伴”？

马老师好！知道您是心理学专家，有个问题很想和您谈谈，很想听听您的看法。

我和老伴已经退休。老伴刚退休那会儿，基本上是我们两个在一起，感觉挺好的。那会儿他也说过，感觉终于不用每天早出晚归，老两口终于可以有空在一起了，一起做家务，一起外出，老伴，老伴，这才像个老伴的样子。

可是时间长了，他却说，感觉不是那么好了，感觉好像总是两个人在一起，交往的面太窄了，与外面的世界隔开了。他说，这样不行，说得走出去。

说行动就行动，老伴最近在家里还真就坐不住了，整天到外面，小区里、小区外、活动室、朋友家，老的、少的、男的、女的，交了许多朋友。

退休的老哥们儿交往交往也就罢了，他还交了一些年轻的朋友，有的四五十岁，有的三四十岁。我担心，他那么大岁数的人了，总和年轻人打交道不好。上岁数的人，应该有个上岁数人的样子，总和年轻人说说笑笑，谈天侃地，不是有点老而不尊了吗？我说了这个意思，他却不往心里去，还说这有什么不好，这叫“忘年交”。

还有，不是我多心，老伴还交了异性朋友。虽说这些异性朋友也是中老年了，可他们常常一起活动，一起交流，我总感觉不是那么回事。就是在家里，他们还经常通电话、通微信。这像什么话？都这个岁数了，还男男女女的，像什么样子？我明里暗里说了这个意思，老伴也不往心里去，说这不过是“异性缘”，根本就没什么，还拉我参加他们的活动。

最近跟老伴又说起这些事儿，他却来了一句：“人家说啦，人到老年得多找几个老伴。”您说，这个说法有道理吗？究竟该不该多找几个“老伴”？

心理援助：多找几个“老伴”是好事

您好！您说的这个问题很有意思，也很有代表性，我很愿意跟您聊聊这个话题。借用您先生的说法，人到老年真该多找几个“老伴”。不过，您看到这里说的这个“老伴”是加双引号的。就是说，这里说的老伴，不是指婚姻关系里的配偶，而是泛指“老年交往的友伴”。从社会心理学角度说，人到老年，这样的“老伴”真的应该多找几个，是一件好事情。

为什么这样说呢？

首先，人际交往能够满足老年人的心理需要。

美国有位心理学家在普林斯顿大学里做过一个实验。他请一些大学生中的志愿者，单独住进一间与世隔绝、悄然无声的封闭小屋里。里面放有各种食物，可以自由吃、喝、睡，就是不能与任何人交往。志愿者只要在实验室住上 4 天，就可获得一笔相当丰厚的酬金。这些志愿者刚开始时还轻松自在，可是，两天后都开始拼命地敲打墙壁，要求出来。当他们重回“人世”时，个个神情痴呆、表情麻木，动作的协调性和灵活性大大降低，经过好长一段时间后才完全恢复正常。为什么？就是因为断绝人际交往，而压抑了心理需要的满足，影响了心理的健康发展。您看，人际交往对人心理健康的作用有多重要。

老年人的很多心理需要，也得靠人际交往来满足。一是满足老年人亲和的需要。也就是满足与他人分享相同兴趣及看法的需要，满足希望获得他人的支持从而感到自我价值的需要，满足寻找帮助时希望有人伸出援手的需要，满足希望别人给予指导的需要。二是满足老年人归属的需要。人总要归属于一定的社会群体，退休了也需要归属于一个友伴群体。三是满足交换的需要。交换的东西非常广泛，可以是物质的，也可以是精神的，包括信息、情感、思想等。四是满足排遣寂寞的需要。排遣因为缺乏朋友所提供的团体归属感时产生的寂寞等。这些心理需要，不能单靠一种人际关系来获得满足，更不能单靠在老两口的“二人世界”中获得满足，只有在丰富的人际关系中才能获得满足。所以，退休后老年人需要多找几个“老伴”。

其次，人际交往有助于老年人的继续社会化。

所谓“社会化”，是指一个人接受社会经验、道德规范，逐渐养成与社会一致又具有自身特点的行为、习惯、人格，以适应社会生活，成为合格社会成员的过程，也就是一个人由“自然人”成为“社会人”的过程，用通俗的话说，就是一个人真正长大成人的过程。但是，并不是长大成人后社会化过程就停止了，可以说社会化过程伴随人的一生。这就是所谓的“继续社会化”。

人到老年，面临很多方面的变化，生理状况的变化，心理状况的变化，社会角色的变化，生活环境的变化，等等。这些都需要重新适应，都需要通过继续社会化，接受新的价值观念和社会行为模式，适应多方面的变化，适应老年生活。比如，老年人退休后，失去了以往的社会地位与权力，失去了原来的工作岗位与条件，会造成心理上的不平衡。这就需要通过继续社会化，主动适应老年生活。否则，就会造成心理上的压力，情绪上的挫折与精神上的负担，影响身心健康，诱发身心疾病，甚至导致过度衰老或过早死亡。可以说，大凡老年生活适应得好的人，都是老年继续社会化完成得好的人。这个老年继续社会化，不是单靠老两口宅在家里可以完成的，而是要通过参与社会生活，通过增进人际交往完成的。所以，老年人需要多找几个“老伴”。

找的“老伴”多了，交往多了，就难免有“忘年交”和“异性缘”。也许，这才是让您特别纠结的。接下来，我们再谈谈这两个问题。

首先，我们说说老年人的“忘年交”的问题。

说老年人多找几个“老伴”，这个“伴”，自然是既包括同龄的，也包括年轻的。通常人们把老年人和年轻人的交往，叫作忘年交。人到老年有几个忘年交，是好事。

此话从何说起呢？

忘年交对于老年人保持身心健康、延年益寿好处多多。一是有利于老年人心理状态的年轻化。人的心态具有明显的相互感染的特点。年轻人充满生命活力的心态对老年人就是一种感染，会使老年人心中多几分生机。二是有利于老年人思想观念的年轻化。年轻人的思想观念也会影响老年人，让老年人少一些保守，多一些开明；少一些呆板，多一些灵活，思想跟上时代的步伐。三是有利于老年人生活方式的年轻化。年轻人的生活方式也会影响老年人，让老年人通过新的生活方式较多地吸收到时代的气息。在生活中可以看到很多这样的事实。大凡能够与年轻人建立忘年交的老年人，大多富于生命活力，生活不落伍。再换个角度说，忘年交中，老年人对年轻人也会有所影响，对年轻人也会有很大的帮助。这对老年人也是好事，能让老年人体验到自己的价值，从而获得心理满足，增进生活的热情。

您也许会说，自己的孩子不也是年轻人吗？何必非要在外面找“忘年交”？

其实，这道理说出来您不难理解。尽管我们提倡家庭民主、倡导亲子平等，尽管确实有些长辈和晚辈关系比较融洽宽松，但是，由于家庭中长辈与晚辈在人际关系上具有亲情性质，于是，就有了不同于其他人际关系的特殊性。这种特殊性，给亲子交往带来一定的局限性。在亲子之间，有些话题不能交流，有些话题不便交流。而与朋友中的忘年交却与此不同，一面具有上面说的种种好处，一面又避免了亲子关系的这种局限性。

所以，您该为您的先生高兴。同时，建议您在增进朋友交往的同时，也不妨来点忘年交。这样，您对老伴的感受就会有更好地理解，同时，也会找到自己年轻化的感觉。

接着，我们再说说老年人的“异性缘”问题。

说老年人多找几个“老伴”，这个“伴”，自然也是既包括同性朋友，也包括异性朋友。因为人不仅需要与同性交往，也需要与异性交往，需要异性朋友间的交流。

这是为什么呢？一是两性心理的“异性相吸”的作用。由于是异性，交流起来，较容易缓解因苦恼造成的内心的紧张和焦虑。二是两性性格的“互补性”的作用。异性交流起来，男人的刚毅对苦恼中的女人是一种慰藉，女人的温柔对苦恼中的男人也是一种慰藉。三是两性交往的“异类群体”的作用。两性各自分属不同性别群体，因而交流起来，也就比和同性坦露心迹较为安全。所以，老年人也不妨有异性交往。

您也许会说，夫妻关系也是异性交往，为什么还要再去和异性朋友交往？

一是异性朋友比夫妻有更大的相似性。虽说人们常用“心心相印”“志同道合”等来形容夫妻关系，可是，现实的婚姻中由于诸多原因，不少夫妻存在较多的差别性，比如，由于家庭、教育、阅历、职业等客观原因，会导致夫妻在兴趣爱好、个性特征、文化素养、价值观念等方面的诸多差别。尽管有差别，除了极端情况外，并不妨碍婚姻关系的维系。而朋友则不同。朋友关系就是以相似性为条件的。具有相似性，就结为朋友关系，相似性没有了，朋友关系就自动终结。异性朋友也是这样，因此，在许多方面或某一方面有较多的理解，便于交往沟通。

二是异性朋友比夫妻有较大的新异性。求新求异是人的天性。夫妻之间，共同生活的岁月，在增进责任感的同时，也容易磨灭彼此之间的新鲜感，在交往关系上削弱了新异性。同时，夫妻为"自家人"，由此容易彼此感觉迟钝。而朋友之间，无论交往怎样密切，通常都不可能有更多的日常接触，因而彼此之间有较多的新鲜感，交往关系有较多的新异性。同时，不论多么亲密的朋友，彼此也有一种"外人"的意识。这，都使朋友之间能保持心灵感应的敏锐度，以及彼此交往的热情。

三是异性朋友可以满足两性感情的弥散性需求。婚姻要求夫妻感情的专一性，可是，几乎是天性决定了人的两性感情，还有弥散性的一面。这应该说是有其生物学根源的。人既有自然属性，又有社会属性，而且以后者为本质属性。所以，人的活动必须受社会规范的制约。异性朋友之间可以体验到介于友情和爱情之间的一种感情。这种感情体验，正好可以满足人对两性感情弥散性的需求。

总之，异性朋友与夫妻是不同的人际关系，与异性朋友交往，可以满足在夫妻交往中不能满足的心理需求。老年人也是一样的道理，也不妨有点"异性缘"。

当然，在异性交往中要注意分寸、讲究方式，特别是要处理好异性朋友与夫妻的关系。关于这点，不妨说说我自己。坦率地说，我的朋友中不乏异性朋友，在我和异性朋友的交往中，可以谈很多夫妻间谈不到的话题，如社会、人生、写作、网络、微信。不过，有一点，我的异性朋友也都是妻子的好朋友。所以，我与异性朋友交往丝毫不影响夫妻关系。

说到这里，相信您已经不在为您先生的“忘年交”和“异性缘”纠结了。当然啦，不论是不是同样的年龄，不论是不是同样的性别，老年人外面的“伴”再多，都不能取代家里的老伴，不能取代老两口和谐相伴的老年生活。我们这个话题只是说，人到老年，即便夫妻关系再好，也要学会适当地走出二人世界，走向更广阔的人际生活，在外面多找几个能老来相伴的朋友。

但愿我们的交流，不仅能帮您走出纠结，而且还能让您和您先生一样，在老两口和谐相处的同时，也走出去多找几个老来相伴的朋友，多找几个“老伴”。

老了，该如何面对孤独

心灵困扰：退休之后该怎样面对孤独？

马老师好！我是个60多岁的人，退休前在机关单位工作。刚退休那会儿，还感觉不错，轻轻松松、自由自在的。可是，后来越来越感觉不好了，最大的难题是孤独和寂寞。

实在孤独、寂寞了，有时候我就去单位转转。可是没去几次，就感觉不能再去了。每次到单位里，先前年轻的同事们看到我，又是让座，又是倒茶，让我明显感到自己不再是这里的主人，而成了十足的客人，大家对我已经像招待客人一样了。一个退休的人怎能总给人家添麻烦？

于是，我就继续闷在家里。可是，习惯了忙忙碌碌，一个人闷在家里太清静，太清闲，就感到孤独和寂寞。远离了工作，远离了人群，远离了外面的世界。孩子们又离我们挺远的，不经常回家。老伴常常出去买菜，和老姐妹们说说笑笑的。我一个人在家里，无所事事，手足无措，不知道怎样打发时间，竟是那样的孤独难耐！其实说起来，许多道理我都懂，可是，我不知道怎么办。我想问您的是，人退休之后该怎样面对孤独，怎样进行自我调节？

心理援助：最根本的是慢慢学会享受孤独

您好！我在心理咨询中发现，生活中确有不少老人像您一样，心灵被孤独感所包围。老年人告别社会重返家庭后，孩子们又离开了自己，难免感到孤独。有时候，这种孤独感也是很难受的，因此需要积极的自我调节。很高兴，您明白这个道理，已经想到了关键是要好好进行自我心理调节。既然如此，我们就少说道理，多找找办法。

老年朋友面对孤独，有哪些自我心理调节的方法呢？

一是认知调节法。首先要看到，子女"离巢"是必然趋势。子女长大成人，成家立业，从父母身边独立出去开拓自己的生活空间，应该是子女成熟的标志。如果孩子长大了，事事都离不开父母，长期与父母住在一起，这反而是家庭受累的表现。所以，老年人应该为子女的"离巢"感到高兴。还应该看到，退休，从社会舞台退下来，也是人生的必然。只要安排得好，一样可以让自己活得有滋有味。

二是行为调节法。当自己感到孤独时，可以制订一个计划，给自己布置不同难度的交往任务。开始时，交往任务可以简单一些，然后逐渐加强交往的难度。比如，第一个星期，每天与同事、邻居聊天 10 分钟。第二个星期，每天与他人聊天 20 分钟，并与其中的一位多聊 10 分钟。第三个星期，保持上一星期的交友时间，找其中的一位做不计时间的随意谈心。第四个星期，保持上周的交友时间，找其中的几位朋友在周末小聚一次。第五个星期，保持上周的交友时间，积极参加各种思想交流和情感交流活动。第六个星期，尝试与陌生的人交往。在与各种人的交往过程中，尊重别人的特点与习惯，努力与人和睦相处。同时，既要善于帮助他人，又要善于求助于人，从中赢得别人的尊重和友谊。当然，您的感觉很对头，单位里一般不去为好。

三是婚姻调节法。少年夫妻老来伴，夫妻才是真正终身的伴侣。孩子“离巢”，老年夫妇应该及时地将情感转向老伴，夫妇俩多参加一些有意义的活动，加强夫妻情感交流，进一步改善夫妻关系，以此来填补因子女“离巢”而留下来的“真空”。比如，老伴买菜，您就不妨陪着。如果是丧偶老人，可以在适当的情况下考虑再婚，重建家庭，使自己的情感有可靠的寄托，摆脱孤独。

四是生活调节法。子女离家建立新的生活后，还应该继续加强与子女的联系，尽量增强两代人之间的相互了解和理解，给他们更多的体贴和帮助，吸引他们经常回家团聚。条件许可，老人也可以在儿女家轮流住，以免独守空房。还可以扩大自己的兴趣爱好，开拓新的业余生活，从看书、习字、画画、练琴、打拳、击剑、种花、饲养动物等活动中，获得乐趣。从事这些活动时，即便是一个人，但是，全身心投入进去的时候，孤独感就会悄然消散了。

五是享受调节法。心理学告诉我们，人不能离群索居，人的生存和发展离不开相互交往。良好的人际交往，是人生幸福的源泉。所以，人必须学会交往，必须具备一定的交往能力。交往与独处是人的两种基本生存状态，是人格健康发展的两个方面。独处的功夫，享受孤独的能力，是人生不可或缺的。

最后，要摆脱孤独之苦，最根本的是老年人必须学会独处，学会享受孤独。不管儿女怎样陪伴，社会怎样关心，与人怎样交往，年龄越来越大，独处的时间总会越来越多。所以，人到老年，必须锻炼独处的功夫，练出一个人能待上几天的功夫。如此，面对孤独也就成了一种享受。

真的，孤独是可以拿来享受的。只有在孤独时刻，才能让心灵获得宁静，才能让心性获得滋养，才能让精神获得生长，甚至才能享有更好的人生。所以，最根本的是慢慢学会享受孤独。

第五部分

怡情养性：安顿好自己的心

人到老年别让爱好成执着

心灵困扰：这样的爱好是不是不好？

马老师好！我和老伴都是70多岁的人了，应该说老两口日子过得还算挺好的。可是，最近两年来，我们却常常会发生一些不愉快。为什么？说起来您也许猜不到，就因为老伴的写作爱好。

是这样的。老伴年轻的时候喜欢舞文弄墨，也算个文化人吧。退休后没事可干，看人家有的老年人写文章，他就开始了写作。应该说这个老头子，天性就有点执着，如今更是执着于写作。特别是去年在报纸上发表了一篇文章后，执着劲就更上来了。好家伙，白天黑夜地写个不停，比大作家还忙。

今年，快到夏天的时候，养的几盆花还在屋子里。我说："该把它们搬到阳台上晒晒太阳了。"老伴接过来一句话："你没看我忙吗？我哪有空啊！"我说："你少写一会儿不就行了？"他说："没看人家又催我写文章吗？"看他那一本正经的劲儿，真是让我又好气又好笑。哪有谁催他？就是一个老年征文大赛给他寄来的信。

说起参加大赛，更是让人又好气又好笑。自从他发表了两篇文章后，就时常有人来信、来电话，让他参加什么征文大赛。他就这里也参赛，那里也参赛。我心里想，你那水平参赛也就是凑热闹。没想到，过不久还真有获奖证书寄来。后来才知道，那都是要给人家参赛费的，那获奖证书都是花钱买来的。到现在，这样的证书好几个了。您说，这不是名利思想在作怪吗？

到现在，老伴更执着了，真有点什么都不顾了，整天总是忙，忙，忙。当初，我觉得他有个爱好也许有利于养生，哪承想现在爱好成了执着，都没空活动身体了，而且我感觉他的身体真的不如前两年好了。

您说他这样的爱好是不是不好？真不如当初就拦住了，现在该怎么办？

心理援助：不要让爱好变成执着

您好！看了您的信，我能够体谅老伴让您又好气又好笑的心情。

确实，一般说来，人到老年培养一些兴趣爱好，有利于身心健康，有利于健身养生。所以，应该提倡老年人有自己的爱好，当初您的支持也不为错。问题是老年人该怎样把握兴趣爱好的度。如果把爱好当成追逐名利的手段，就如同您所说的，那是把爱好变成了执着。这就背离了老年人培养爱好的本来的意义。

爱好与执着有什么不同？

我们先说什么是爱好。心理学上，往往把兴趣与爱好连用。兴趣作为一个人倾向于认识、研究、获得某种事物并带有情绪色彩的心理特征，对人的发展有始动、定向和调节作用。它可以推动人充满热情地认识、研究有关事物，从事有关活动，从而获得心理满足，进而使人获得更好的发展。当一个人的某种兴趣比较强烈而浓厚的时候，就成了我们所说的爱好。

接下来再说什么是执着。平时有人把“执着”当褒义词，来赞美对某种人生目标的追求，比如说这个人对事业特别执着。其实，这时候的执着，应该叫坚持，叫持之以恒，这样更合适一些。说到执着，用在我们生活中的意思，在一定程度上就是固执，就是放不下，就是固执地放不下各种各样的欲望。于是，人生的烦恼由此而生了。这样说来，执着其实是一个贬义词。因此，我很赞同您对执着的理解。

总之，爱好和执着的区别是明显的：爱好多理性，执着少理性；爱好无所求，执着有所求；爱好少有功利目的，执着多有功利目的；爱好是该放下的时候可以放下，执着是该放下的时候也放不下；爱好可以给人自由和幸福，执着只能给人束缚和痛苦；爱好让人做主人，执着让人做奴隶。

所以，我们不该让爱好变成执着，老年朋友更不该让爱好变成执着。

那么，作为老年人该怎样善待自己的爱好呢？

一方面是积极培养自己的爱好。作为老年人，多一些兴趣爱好，可以丰富生活色彩，增加生活乐趣，陶冶个人性情，提高文化素养，有利于身心健康，提高老年生活质量，让晚年生活过得更有意义，而且也许还能老有所为，在某一方面做出一些成绩。从这个方面说，爱好没有错，爱好是老年人的好朋友。

另一方面是不要让爱好变成执着。我们看到，爱好成了执着，就会让人背负太重的名利负担，身心受到了束缚，不仅不能提高老年生活质量，还会严重地降低老年生活质量，使自己的老年生活失去了自由和幸福。这样一来，岂不是事与愿违？所以，人到老年，一定要把握好对爱好的度，不要让爱好成了执着，不要让爱好成了魔，放弃了该做的事，推卸了该承担的责任。

人到老年，最重要的是学会放下。不管什么爱好，心里也要能够放得下，该放下的时候放得下。放不下，就是执着，执着就会让自己和别人受苦；放得下，就是爱好，爱好才会给自己和别人带来幸福。

我想，我们对此是有共鸣的。您可以把这个意思和您老伴交流交流，也可以把我们的通信给您老伴看看。我想，都是为了老年生活得更好，有了和谐的交流之后，您的老伴会做出调整的，会让爱好成为自己的好朋友的。

别让心病跑到身体上

心灵困扰：为什么说我是心病跑到身体上？

马老师好！我今年66岁了。两个多月前，返聘单位为了裁人，宣布65岁以上的人全部辞退，就在这时候，我开始闹病了。

就在听说将要被辞退的消息后，我的脚走路时崴了一下就开始疼痛，而且越来越严重，疼痛难忍，走路困难。我就去医院看病。医生检查后，没有发现脚有什么问题，建议做CT检查颈椎，结果颈椎也没有问题。可是，做CT检查的时候响声太大，我当时吓了一跳，晚上躺在床上还紧张害怕，心里七上八下，一夜没睡好。

从此，我开始失眠，心情不好，身上这里不好受那里不好受。于是，不停地看医生。看了几位医生都说没事，最后一位医生听我说心情总不好，就按抑郁症开了药。随后又在一家中药店拿了很多中药。结果不仅没有好转，反而情况越来越糟糕。现在，还是睡不好觉、身上难受，而且脑子越来越不行了，记忆力减退，情绪越来越低落，不愿见人，不愿说话，不愿活动，什么都不愿干，提不起精神来。自己好像病得越来越重了，越来越没有希望了……

看我这个样子，老伴不知怎样照顾才好，儿女也是每天要从很远的地方赶来，围在左右小心伺候。就这样，我完成了自己人生中最大的一次转折，彻底成了没用的人了。家人有时还说我装病。

后来，一位心理医生说我的病是心病，是心病跑到了身体上，叫作“躯体化现象”。请问躯体化现象究竟是怎么回事？为什么说我是心病跑到身体上？

心理援助：不再扮演患者带着症状生活

您好！所谓“躯体化现象”，就是在遇到生活困境难以面对的时候，潜意识里会让心理压力转换成某种躯体症状。这是人在进行自我心理防卫，以减轻内心的痛苦。人的自我心理防卫机制，都是潜意识的。就是说，扮演患者是无意的，是潜意识的活动，装病是有意的，是思想意识里的活动。所以，这不是装病，是扮演患者。躯体化现象实际上是一种心因性反应，所以，形象的说法就是心病跑到身体上。

就是这样，人的身心有着很奇妙的互动关系。人心理上有了闹病的需要，躯体上往往就会很好地配合，出现躯体化现象，有时候还会真的出现躯体疾病。人的心灵总难免需要避难的时候，病症就成了心灵避难所。

从这个角度分析，您的情况我看确实属于躯体化现象。您最初的脚走不了路的症状，就是有心理象征意义的：你不是想让我走人吗？我不想走，不愿走，怎么办？这时候就需要腿脚闹病了：我走不了啦。但是，这并不能挡住“走人”的结局。自己将要彻底成为没用的人，这个困境还是出现在眼前了。于是，就躲进病中不愿出来了，其心理意义就是逃避“彻底成了没用的人”带来的心理压力。所以说，您这是心病跑到了身体上

心病跑到身上来，容易跑到身体的哪个部位呢？比较多见的是跑到头、心脏、肠胃，当事人往往感觉头疼头晕、胸闷胸疼、上吐下泻等。

具体到不同的人，那就看哪里需要有病了。您就是需要腿闹病，心病就跑到腿上来了。如果是运动员，心理压力大了往往身体的相应部位闹病，比如竞赛运动员心病大多也是跑到腿上来。这是因为跑步是需要腿的事，只有腿闹病，才能逃避压力。如果是学生，因为学习压力过大而出现躯体化现象，他们的心病大多是跑到脑袋上。这是因为学习是需要用脑子的事，只有脑袋闹病，才能逃避学习压力。还有，如果夫妻关系紧张，女性排斥性生活，性器官就会闹病，如宫颈炎等。当然，扮演患者也会牵涉到全身，哪里都会出现病症，哪里都不好受。总之，很多时候，病是人想出来的，哪里需要哪里病，想让哪里病就哪里病。

心病为什么要跑到身上来？主要是“重体轻心”传统文化的影响。身体闹病了会得到人们更多的关注和理解，而心理出问题了却容易被人疏忽和误解。于是，心病就容易跑到身体上。

人一旦有了闹病的需要，就会找到闹病的机会。“脚走路时崴了一下”，就是您找到的一个闹病的机会。其实，所谓机会不过是潜意识里找一个借口。所以，没有这个“机会”，还可以找到别的“机会”。

总之，人们闹病，常常是自己愿意，是自己需要，是自己想躲进病里。因为躲进病里“好处”多多。所以，谁都难免扮演患者。但是，如果扮演患者形成惯性，就会躲进病里出不来了。您现在就面临这样的危险。

那么，看清了自己是心病跑到身体上，现在您该怎么办呢？

一是不再扮演患者。为了不再扮演患者，首先要及早停药，因为吃药本身是对患者角色的一种强化。同时，还要不断对自己说“我没有病，我是正常的人”。

二是带着症状生活。就是说，不要在乎症状，而要带着症状该做什么就做什么，让自己的生活正常化。这样有助于逐渐淡化症状。

三是家人积极配合。家人把关注点转换一下，不要等您闹病的时候再来关注，而应该在表现正常的时候给予关注。再有，家人的交流和互动，可以帮您淡化“成了没用的人”的失落感，通过各种活动重新找到生命的支点，从而体验到，躲进病里不如积极面对生活。当然，关键还在您自己。相信您会积极心理自救！

如果是D型性格怎么办

心灵困扰：如果是D型性格该怎么办?

马老师好！我这个人总是心情不好，不开心，甚至是伤心，有时候还有一种烦躁不安的感觉。而且，还总是一个人窝在家里，不愿意出去。

有的朋友说，你生活不是挺好的吗？也是，过了大半辈子，应该说我的生活也不错。究竟为什么会这样，连自己都说不清。

那天，与一位朋友聊天，说我是性格问题，说我属于那种D型性格。最近两年，我还感觉身体也不好，特别是心脏不好。医生也说与性格有关。请问是这样吗？如果是D型性格该怎么办？

心理援助：性格是可以改变的

您好！性格和疾病之间确实存在某种相对应的关系，就是说，某种性格比较容易罹患某种疾病。这也可以说是，什么性格得什么病。因此，从性格与疾病关系的角度，心理学上把人的性格，分为A、B、C、D四种主要类型。

一方面D型性格的人经常感到烦躁、紧张，无缘无故地担心，而且，对自我抱有消极观念。在他们眼里，这个世界冲突迭起。另一方面的表现就是社会退缩，他们总是窝在自己的圈子中，不愿意跟他人交往，即使交往也往往有很多顾虑。D型性格最大的特点，就是有浓厚的消极情感和社会退缩倾向。大量研究结果表明，真正对心脏病起作用的心理因素，不单纯是暂时的消极情感，而是慢性的心理忧伤。这类人常常陷于忧伤与孤独中，同时压抑自己的忧伤与孤独，比较沉默寡言。这种忧伤与压抑，会导致心血管系统承受巨大的压力，时间长了极容易出现心血管疾病。因而，D型性格又称为“忧伤症性格”。

归纳起来，D型性格的主要特征有：缺乏自信心，有不安全感；沉默寡言，待人冷淡；孤僻，爱独处，不合群；情感消极，忧伤，容易烦躁不安。

对照起来，您多少还真是有点D型性格的表现。

说到这里，您也许心生担忧了：哎呀，我肯定要得心脏病了，太可怕了。其实，不用过分担心、害怕。因为，性格与疾病的关系很复杂，不是某种性格直接就导致了某种疾病。上面说的某种疾病的“易感性格”，只是说某种性格容易罹患某种疾病，绝不是说某种性格必定罹患某种疾病。也就是说，某种疾病的易感性格，对相应的疾病来说，只是一个影响因素而非直接的决定因素。

更重要的是，性格是可以改变的。性格是行为习惯的积累，习惯的神经机制是条件反射的形成，而条件反射是可以因为不予强化而削弱甚至消失的，所以说性格是可以改变的。因此，一旦发现自己是D型性格，要注意主动自我调节。

如果是D型性格怎样自我调节呢？

一是提高对心理健康的认识，培养自己的同情心和爱心，适当养养小宠物。二是增加自信心，保持心情开朗、学会自得其乐。三是改变离群独处的生活习惯，增进人际交往，争取参加各种群体活动，如跳舞、打拳、做操等。四是逐渐培养一些兴趣和爱好，如书法、绘画、养鸟、种花等。五是向亲人和最信任的人，倾诉自己内心的压抑和苦恼，维护心理的平衡。六是经常听听音乐，不同的旋律和不同的音调可使人忘却烦恼，逐渐感到轻松和高兴起来。七是经常保持微笑，笑可使人精神振奋，精力充沛，身心健康。

但愿这些方法对您调整性格有所帮助。

B 型性格到底好不好

心灵困扰：B 型性格究竟好不好？

马老师好！我今年刚 50 多岁，正是人们常说的年富力强的时候，可是，我却感觉自己有点缺乏事业心。如今，大家都在激烈地竞争，我却做事不慌不忙，总是一副安于现状的样子。为此，家人也批评我贪图安逸，不求进取，甚至说我不可救药。

想想也是，好像从年轻的时候就这样。现在人到中老年了，跟我同龄的人，科级的科级，副处级的副处级，下海开公司的也都发了，可我还是一个小科员。为这，家人没少说我。可我自己并不觉得有什么不好。

那天和朋友聊天，有人说我这样的人属于 B 型性格。请问我这样是 B 型性格吗？有人说 B 型性格也不错。请问 B 型性格究竟好不好？

心理援助：B 型性格是比较理想的性格类型

您好！您说的 B 型性格，是相对于 A 型性格来说的。A 型性格主要表现为两大心理行为特征：过强的时间意识和过强的竞争意识。可以说，B 型性格与 A 型性格正好相反。B 型性格往往表现为满足现状，从容不迫，不喜欢竞争。这样的人在开会讨论时，往往一言不发或极少发言，人生事业多数甘居中下游，比较容易知足；做事喜欢节奏舒缓，从容不迫；心地坦然，不易激动；待人随和，容易相处，善于自我调节。

下面是给B型性格的“画像”，不妨对照一下，看像不像自己。

个性中庸不尚执拗：性格倾向多不偏不倚，对事物有自己的看法、态度却并不明达，对不同的意见很少进行激烈的交锋，不固执自己的观点，很少发生争辩。

性情温顺言语低声：性情温和，说话时音调较低而轻柔，态度平和。

遇事从容节奏缓慢：处理事情从容不迫，节奏缓慢，一件一件事情做，不会同时做几件事，时间表安排得很宽松，属于火烧眉毛不着急的慢性子。

安宁稳重与人无争：心理和情绪平静，不会浮躁，不存在与人争夺的意愿，更不会去主动攻击他人。

平稳有余进取不足：心态和行为过于平稳，没有竞争的紧迫感，因而拼搏的意志不足，缺乏昂扬向上的进取精神。

抱负较小淡薄得失：没有很大的抱负，不太在乎得失，因此一生成就并不显著，常常安于现状，容易满足。

深思熟虑优柔寡断：遇事习惯深思熟虑，瞻前顾后，缺乏主见，缺乏果断，举止平庸和拖沓。

善于适应人际和谐：由于心气平和不存敌意，所到之处能适应环境，人际关系一般都比较和谐。

从来信的内容看，你确实很有点B型性格的特征。自己看是不是这样？

那么，B型性格好不好呢？

大量研究证实，具有A型性格的人易得冠心病。所以，后来有人把A型性格叫作“冠心病易感性格”。由于B型性格与A型性格正好相反，所以，发病率相对较低。从健康角度说，B型性格是比较理想的性格类型。可以说，B 型性格的人，更容易身心健康。而且，B 型性格的人寿星最多。

不过话说回来，人无完人，没有一种性格是绝对完美的。从上面说的特征不难看出，B 型性格的人弄不好会容易懒散松垮，拖沓懈怠，这是显而易见的。所以，B 型性格的人，为自己的性格特征而庆幸的同时，也不妨注意做一些积极的调整。

那么，B 型性格的人应该注意些什么呢？

一是在平时工作中，遇到问题要积极对待，给自己定个最后期限，如果任务很多，要分清轻重缓急，先解决重要的问题，再解决相对次要的问题。二是在日常生活上，根据实际情况也尝试给自己定个目标，并定出达到目标的具体计划，这样有助于合理安排时间，让生活更充实、更丰富。三是在人际交往中，在随和好处的基础上，也尝试学习一些主动交往的技巧，学会在必要的时候表达自己的意见，不要只会一味附和。四是在保健养生上，不要躺在性格优势上睡大觉，也要注意主动锻炼健身，让身心更健康。这样，在自己的性格优势上，人生会更多一些幸福。祝福你！

善待老年性格的变化

心灵困扰：外婆究竟是怎么了?

马老师好！我外婆 72 岁了，是个脾气很好的人，本来跟人相处都很融洽。但是，她近些年越来越固执了，就认为自己是对的，别人的意见都听不进去。例如，有人上门推销电话卡，因为就她和我外公两个人住，当时我外公怕不安全不让开门，她不听，不仅买了卡还让人进屋坐。事后我们都跟她说：一是她不能辨别电话卡的真假，可能会上当；二是两个老人在家，让陌生人进屋是不安全的。她都听不进去，她说试了卡是好的。所以后来又有来推销电话卡的，她还是照样做，结果那回就买了张假卡。我们都以为吃一堑长一智吧，但是她又买了第三次。

我外公前两年因为脑瘤做了手术，术后语言不利、记忆力有些减退，反应没有原来那么快，但思维还是很清晰的。我外公是高级药剂师，退休前是县药检所所长；我外婆小时候家里条件不好，只上了 3 年小学，后来当学徒学习化验，在县医院化验室。他们人缘都特别好。

原来都是外公当家，做完手术后就得我外婆做主了。我外婆的性格也就是从这时候发生变化的。刚做完手术那会儿，外公说话、写字不是很灵光，需要多加练习。我外公自尊心比较强，说不好就不愿意说。我外婆想引导他但方法没使对，总感觉在教小孩子似的，所以外公对这种方式不买账。慢慢地，就演变为指责了，经常当着我外公的面跟我们说他这也不行那也不行。遇到事情的时候，我外公发表意见，她根本听不进去，认为只有她的想法是对的，我外公必须得听她的才行。

现在我外婆是越来越固执了，经常像训小孩一样训外公，说起以前的事情也多是夸大自己的功劳，说我外公的不是。其实事实也不是这样的。所以我妈就很为我外公不平，就说外婆这样说不公平。外婆还委屈得不得了，说我妈总向着外公。用我舅的话说，我外婆一辈子就没当过家，现在当上家了，就膨胀了。我妈说每次看我外婆那样，就忍不住顶她，也没起到什么作用，说也懒得管了。

外婆究竟是怎么了？

心理援助：老年性格特征的表现

你好！你外婆的情况，实际上是老年性格特征的表现。

随着年龄的增长，老年人的性格有一个由外倾向内倾转变的总趋势。这个趋势的表现是：越来越倾向于以自我为中心，自我欣赏，兴趣狭窄，社交退缩，小心谨慎，事无巨细都力求稳妥保险；往往比较顽固执拗，喜欢坚持自己的观点和习惯，不赞成别人的意见和看法，对一切变化和新鲜事物都深感不安，甚至连别人挪动一下自己习惯放置的家具的位置也横加反对；喜欢回忆往事，在回忆中产生满足和悔恨；对看不惯的人和事，往往唠叨不休，喜欢指手画脚，做权威性的指挥；好猜疑，特别注意自己的健康，往往草木皆兵，疑心自己病入膏肓；等等。

老年期是人生的特殊时期，要适应很多变化，从而形成老年特有的性格特征，表现出老年的性格差异。有人把老年人的性格特征分为下列五种类型。

一是成熟型。这样的老人有人生智慧，感到自己的一生收获不少，是有成就的一生，在离退休时心安理得，理解现实，坦然接受老年生活，并以积极的态度面对现实，积极参加工作和各种社会活动，对家庭及社会中与他人的关系感到满意，有充实感，关心面广，面向未来，对未来的生活并不感到苦恼。

二是安乐型。这样的老人也能够接受退休的生活现状，心态上十分悠闲自得，而且对自己目前的处境比较适应，基本上能够把自己照顾好，安享老年生活。不过，这样的老人不太喜欢参与社会事务，社交生活圈较为狭窄，也容易把自己的生活完全寄托在别人身上，无论在精神还是物质上都在期待别人的援助。

三是防御型。这样的老人对感到恐怖、苦恼的事情，都用强烈的防御机制来应对，不愿意别人认为自己老了，没用了，自己不服老，也不承认自己老，不信任别人，只相信自己，凡事事必躬亲。所以总是忙碌不已，不让自己有空闲时间，用不停的繁忙活动，来回避、抑制自己对衰老和死亡的恐惧，或者从别人需要自己的不停忙碌中产生成就感，借以慰藉年老所带来的失落感。由于对工作有过分的义务感和强烈的事业心，因而嫉妒年轻人。

四是易怒型。这样的老人很难接受老年的来临，对未能达到的人生目标，产生怨恨和绝望情绪，并将其原因归罪于别人，非难别人，对于现实生活不满，对人心怀怨恨，愤怒的矛头多指向他人，常采取批评、指责的沟通方式，常有满肚子的怨气，将朋友家人当作出气筒，总认为国家社会、家人朋友对不起他（她）。对离退休和老龄化采取根本否定的态度。对死亡有较强的恐怖感，怨恨和嫉妒年轻人，有时甚至表现出敌意。

五是自责型。这样的老人也有不满，但他们是指向自己的。他们瞧不起自己，常觉得自己做得不够好，愤怒攻击的矛头指向自己，把自己的一生看成失败的一生，把失败的原因归罪于自己，责备自己。他们悲观地面对老年生活，认为自己没有用，到老了又成为家人的累赘，自己活着也失去了意义，认为死亡反而是一种解脱，有时甚至会产生老年忧郁症状或自杀倾向。

人到老年，能够顺利地度过，与各自的性格特征有很大的关系。一般来说，成熟型和安乐型的老年人，能够正确选择和对待晚年生活，用各种方式如上老年大学、参加社会活动和体育活动等，来充实自己的晚年生活，而且基本上能够科学地安排自己的养生保健。防御型和易怒型的老年人，由于不服老，倾向于做自己力所不能及的活动和工作，往往容易超越现实的身体能量，不利于老年生活。自责型的老年人，对各种外部信息刺激都表现很淡漠，没有兴致，最终会导致自我封闭，难以与外界进行有效的沟通和交流。

应该怎样善待老年人的性格特征呢？

一是老年人自己要善待老年性格。面对老年生活，我们每个人都是自己性格的主人。倚老卖老，绝不是智慧的老年人的态度。老年人应该善于自我分析、自我控制、自我监督，修炼自己的性格，有意识地克服和改变性格上的不良状态，锻炼、强化良好的性格特征，让健康的性格伴随自己的老年生活。

二是家人要善待老年性格。你外婆性格的变化，比如过分的以自我为中心，喜欢固执己见，喜欢指手画脚，其中，防御型和易怒型的性格也是比较明显的。这就需要家人正确对待了。首先是正确认识老年性格变化，这并非老人的罪过，而是心理年龄特征的表现，是应该得到理解的。其次是针对老人的特点巧于引导，不要强硬对抗，而应在肯定老人的同时，不知不觉间对老人的心理生活给予引导，以便老人更好地适应老年生活。相信我们的交流，会帮助你和你的家人更好地善待老人的性格变化。

别总让怀旧惹烦恼

心灵困扰：老年人是不是都会有这种心理？

马老师好！我父亲今年63岁，原来在单位里担任领导职务，平时话不多，是个好领导。

可是，父亲自从退休后，有了较明显的变化，特别是最近一年来，变化更明显了。我们都发现，父亲变得话多了起来，总是热衷于追忆往事。不论是在家人面前，还是在朋友面前，父亲总是喜欢说起工作时候的故事，总是喜欢向人们讲述自己的光荣历史。有一次一位朋友来家里，父亲整整跟人家说了老半天自己的工作历史，母亲想岔开都不成。

总之，给我们的感觉是，父亲似乎是在炫耀自己已经消失或正在消失的才华，不能接受退休之后的生活现状，喜欢在回忆过去的故事中寻求精神的慰藉。我们怀疑，父亲的心态是不是有点不对劲了？请问人到老年是不是都会有这种心理？我们该怎样帮助老人？

心理援助：帮助老人进行心理调节

你好！从来信中的情况看，老人表现出明显的“老年回归心理”。所谓“老年回归心理”，就是老年人在现实生活中，遇到不如意的事或遭受挫折时，就会陷入回忆以往的成功和辉煌之中，用过去的经历与现实相比较，常常沉湎于往事不能自拔，从中虽然可以获得一些心理的补偿，却也会陷入精神痛苦之中的一种心理现象。

老年人为什么会产生“回归心理”呢?

大致有如下几方面原因：一是老年人随着机体的退化与衰老，思维与辨别能力老化，出现近事记忆障碍，也就是“近事遗忘”，但对“往事”却念念不忘。二是人到老年，离开了社会活动舞台，原有的权力影响和活动能力已不复存在，心生失落感，因此，怀恋过去的“风光”与“辉煌”。三是受现实生活中某些不尽如人意之事的困扰，遭遇矛盾和挫折的打击，更易促使老年人留恋逝去的岁月年华，陷入“怀旧”的泥潭不能自拔。

由此看来，人到老年确实都难免出现回归心理，难免经常回忆往事。应该说，一般情况下也是人之常情。而且，从心理健康角度说，适当地回忆往事可以抚慰老年朋友的心灵，可以补偿现实的心理缺失。从这个角度说，适当的时候，老年朋友也不妨给儿孙们讲讲过去的故事。

但是，老年朋友过度陷于“回归心理”，沉湎于对往事的回忆，会加剧对现实生活的不接纳，更难于乐观地面对现实的生活。如果总是回忆过去消极的经历，更会影响身心健康，加快身心的衰老进程。

那么，老年朋友应如何摆脱“回归心理”的困扰?

一是正视人生，告别过往。人的一生将经历各种不同的时代，随着社会的前进和发展，一切陈旧的、不合时宜的东西都将会经历阵痛乃至消亡，而新鲜事物又会随之孕育而生。因此，老年人应对此有充分的心理准备，不要沉浸在“不堪回首话当年”的情绪中，应淘汰陈旧和传统的思维模式及观念，迎接新事物的产生，进而在纷繁的社会生活中找到自己的位置。

二是豁达大度，积极向上。以博大的胸怀，去面对过去的“拥有”与今日的“失落”，既要有豪情追寻幸福和成功，也应有勇气接纳痛苦和失败。因为，从“兴”到“衰”是事物发展的客观规律，大自然正是以这种天然的平衡机制，调节着生与死、新与旧、得与失的轮回现象。所以，当我们认识到这一事物发展的客观规律以后，就不必为自己年届黄昏后出现“失落”而苦恼。与此同时，要积极参加社会交往活动，防止孤身独处、闭门思“故”；多读报刊，接受新事物、新知识；始终抱有“明天会更好”的人生信念，愉快、积极地度过每一天。

三是老有所为，老有所用。思想上不要认为自己老了，不中用了，而应觉得自己还年轻，还有能量。要凭借自己丰富的人生阅历和丰厚的经验知识，继续为社会和家庭发挥“余热”。这样，就会陶醉和沉浸在“老有所为”“老有所用”的幸福和喜悦之中，活得轻松，活得自在，活得充实，活得洒脱。

四是拓宽兴趣，丰富生活。根据自身的特点，参加适当的文体活动，经常阅读报刊、新书，走出家门，多交朋友。这样，既能增强体质，调节情绪，又能用新鲜的知识信息，来取代大脑中的往事，使心理活动指向现实生活，告别回归心理。

如上的内容，可以供你们做儿女的帮助老人进行心理调节，也可以给老人看看，以促进老人进行积极的自我心理调节，帮助老人多多感受现实生活中的幸福！

怎样告别敏感的痛苦

心灵困扰：我这是不是不正常了？

马老师好！我是一位退休的女性，快60岁的人了，是您的忠实读者，用时髦的话说，是您的粉丝。真的，您的关于老年心理健康的文章，我差不多篇篇看，也给了我很多启发。特别是您在一篇文章中说，要面对心灵的阵痛，人到老年也有老年的阵痛，这是一辈子的事情。道理我都能理解。可是，自己碰到一些事情了，还是受不了，还是做不到面对阵痛。真是说来容易做来难啊。

就说最近吧，我去体检，检查出了脖子上有两个淋巴结，医生又说要我做什么穿刺，又说要我做什么肿瘤化验。弄得我非常紧张，非常担心，睡眠也受到了影响。好容易做了化验，医生说什么事都没有，我才慢慢放下心来。就这样，每次体检都非常敏感，平时也对身体状况非常敏感，总是担心身体出问题，越敏感越担心，越担心越敏感。您说我这是不是不正常了？

生活中别的事情也是这样，有点事儿，总是担心，心里总是不安，总是放不下。就说前几天，孩子工作上有点事儿和我们说过之后，老伴好像一点也不在乎，该吃吃，该睡睡。我就不行，吃不好，睡不着。您说，我怎么这样敏感，我怎么这样无能，这样经不住事儿，我该怎样告别敏感的痛苦？

心理援助：顺其自然接纳自己的敏感

您好！谢谢您做我的粉丝，真诚地谢谢您对我的信赖。既然有您这样的信赖，我就实话实说了。

首先，您的敏感原本没有什么不正常。

一是您对身体状态的敏感，是正常的心理反应。人到老年，都比较关注身体健康，对身体种种状态都会反应比较敏感。所以，老年人更注意养生保健，更注意经常去体检。许多的养生保健讲座、免费体检等，不也都瞄准了老年人吗？这都说明老年人更关注身体，也就是对身体健康更敏感。何况您体检中又发现了点问题，当然会更关注、更敏感了。

二是您对生活事件的敏感，也是正常的心理反应。正如您说的，在性格上您确实是比较敏感的人。这样的人，容易在意细节，容易凡事都往心里去。但是，这样的人心思细腻，看事看得深。这样说的意思是，人的许多性格特征没有好坏之分。敏感的人更善解人意，更懂得换位思考，处事更周详细致，有较深刻的思想，而且艺术方面还更有创造力呢。甚至可以说敏感是一种天赋。再者，从年龄上说，人到老年都会比较敏感一些。

您也许会说，既然我的敏感没有什么不正常，为什么却让我感到很痛苦呢？

这是因为，您对自己的敏感太敏感了。这句话好像绕口令了，其实意思很明白。如果用专业的话来说，您的痛苦，都是您的第二反应惹的祸。

什么叫第二反应？比如，一个人要当众作一个重要的报告，这让他感到紧张焦虑。这个反应直接由现实情境带来，叫作“原生反应”，也就是第一反应。紧接着，他脑子里出现一个念头：我这么大的人了，怎么当众发言还紧张成这样，真没出息。于是，一股自卑、自责的羞愧之感涌上心头，感觉简直抬不起头来了。这时候的反应，就是对紧张焦虑这个原生反应的再反应了，叫作“次生反应”，也就是第二反应。就是说，让人痛苦的，不是对当众发言的紧张焦虑这个第一反应，而是对紧张焦虑的自卑、自责这个第二反应。

在生活中，我们感觉的苦与乐，我们心情的好与坏，往往是由这个第二反应决定的。有这样一个事例：两个人遭遇同样一场车祸，同样失去一条腿，同样感到不幸，同住在一间病房。可是，两个同样遭遇不幸的人却有截然相反的感受。一个说：虽说命保住了，可一条腿却没了，真是倒霉透了，真是老天不长眼啊！于是，他的心情非常糟糕。一个说：虽说一条腿没了，可命却保住了，真是不幸中的大幸，真是谢天谢地啊！于是，平静地接受现实。

您看，同样的遭遇，第一反应同样是感到不幸。但是，他们有了截然相反的第二反应。

现在回到您的问题上来。如果说您对事物比较敏感这个第一反应是正常的，那么，让您痛苦的根源是您的第二反应出了问题了。您的第二反应出了什么问题呢？您的第二反应过于消极，而且反应过度。哎呀，我怎么这样敏感啊？我这样敏感是不是很不好啊？于是，您对这个敏感没完没了的敏感，而且越来越敏感。您看，又有点像绕口令了。这就是我们前面说的，您对自己的敏感太敏感了。于是，痛苦找上门来，缠住您不放了。生活中我们常常这样，为痛苦而痛苦，越来越痛苦。

说到这里，您一定知道该怎么办了。

对，最好的办法就是顺其自然，就是接纳自己的敏感，担心啊、不安啊、紧张啊、焦虑啊，这些第一反应统统都接纳下来，然后好好善待它。一旦有了这样的第二反应，这样您会发现，那些第一反应反而烟消云散了。这样一来，您也就告别了敏感的痛苦。

最后再说说阵痛。心灵的阵痛也可以说是第一反应。所谓学会面对阵痛，不是要消除阵痛，也是要接纳它，承受它，也就比较容易化解它。于是，我们就心安了。

老伴为什么疑心重

心灵困扰：怎么年纪大了疑心这样重了?

马老师好！我和老伴都是快70岁的人了。本来我们好好的，不知怎么回事，老伴最近总是怀疑我有一天会抛弃她。

老伴比较喜欢一个人待在家里，我这个人喜欢早晨到公园活动。在公园里，每天早晨都有很多老人聚在一起活动，我也非常喜欢和大家在一起唱唱歌、跳跳舞、活动活动。可是，我的这一爱好却成了老伴最不放心的事情。为此，她常常因为我去公园与其他老年人一起晨练而发脾气。而且，老伴还时常和别人抱怨，说我一定是看上哪个爱唱歌的女妖精了！明明是冤枉了我，看那样子，她还满腹的委屈，满心的焦虑不安。

不仅如此，最近老伴在别的事上也总是好猜疑，猜疑这个，猜疑那个，有时候连孩子也猜疑。真是有点疑神疑鬼了。应该说，以前老伴是个非常温柔体贴、善解人意的人，怎么年纪大了疑心这样重了？老伴这是怎么回事？我该怎么办?

心理援助：让疑心化成飘散的云烟

您好！非常理解您的心情。应该说，人到老年疑心重，是老年人心理变化的一种较为普遍的现象。您不用特别担心。不过，也有个体差异，您的老伴就是比较疑心重的，而您就很少疑心。

那么，什么原因导致老年人的疑心重呢?

一是生理衰老导致心理不安。

当老年人感到自己的身体衰老的时候，最先产生的是心理恐慌，担心身体每况愈下，担心生活在孤独之中，等等。所有这些担心，最终会表现为自信越来越差，越来越依赖于家人的关注与照顾，也会对家人对待自己的态度十分敏感。这种心态走向极端，就会对周围的人越来越不信任，就会疑心重重。老伴对您之所以不放心，就是因为当您独自外出活动的时候，她会有一种被冷落的感觉，就容易对您心生怀疑了。

再有，伴随生理的衰老，视力和听力也会逐渐下降。这时候，老人听到的、看到的不如以前多，也没那么清晰准确，因此就容易多疑。特别是一些耳背的老人，听别人说话总像窃窃私语，因此更容易疑心重。

二是生活变化导致思维单一。

老年人退休之后，生活圈子会发生很大的变化。有些老年人退休之后，无所事事，每天除了做家务，几乎没有其他有兴趣做的事。这使得他们很容易将自己的心思都禁锢在单调的家庭小环境中。这种状态会造成老年人对外界事物的感受能力降低。老年人一旦感受到这种与外界连接的能力降低，自我保护意识就会增强起来，而过度的自我保护，常常是猜疑心理的开始。您老伴疑心重，这是一个重要原因。

再有，人到老年，在社会中的角色也变化了。从前工作中会接触很多人，现在接触得很少；从前有很多事要做，现在也没有什么事可做了。如果老年人心态调整得不好，容易觉得自己“没用了”，慢慢开始多疑。

三是个性特征导致心理失调。

老年人感到衰老势不可当的时候，就会更加自我保护，维护自身的利益。如果年轻时个性上就比较自我，老年之后对自我的关注和保护，有时候甚至会显得不可理喻，一旦遭遇身心方面的冲击，就容易出现心理失调。您说老伴年轻的时候温柔体贴，可能会造成对某种自我需求的压抑。进入老年后，需要释放这种压力，需要维护自身利益，就会采取猜疑这种似乎不可理喻的方式。

再有，有的人年轻时就比较多心，只是因为生活的忙碌，表现得不很明显，到了老年生活单调了，就容易表现为多疑。

四是心理障碍导致的病态多疑。

有些老年人的多疑，可能是病态心理的表现。其中，最常见的就是老年痴呆。这样的老人除了记忆力不好，还会经常伴有妄想，比如，猜疑别人偷自己东西，猜疑别人想害自己。此外，其他一些精神障碍，比如精神分裂症也会导致病态多疑。

面对老年人的疑心重，应该怎样进行心理调节呢？

首先是家人的心理支持。

一是增进和老人的交流。作为多疑老人的家人，要通过与老人聊天、向老人请教生活经验，甚至对老人多加赞美等方式，让老人感受到自己被尊敬、被关爱，感到自己并没有被生活所遗弃，从而来满足其心理需求。就您的情况而言，就可以在这点上多做文章，并且引导孩子们多和母亲聊天交流。

二是引导老人倾诉心里话。和多疑老人起冲突时，不要争论，有时间的话，让他们讲一讲自己的烦恼，把烦心的事倾诉出来。如果和老人沟通有障碍，可以把机会“让”给老人的同学、朋友。同龄人的支持和理解，也许能让老人多疑的问题更好地化解。现在，您就可以借助老友的支持。

三是转移老人的注意力。对老人的多疑，不要“硬碰硬”，而应采取措施，让老人转移注意力。为了转移注意力，可以引导老人参与丰富的社会活动，防止老人陷入自我封闭式的单调生活。开放的生活，能够带来开放的思维，就会淡化疑心。您和老伴本是同龄人，之所以您没有像老伴那样疑心重，除了您身心健康的状况外，与您的生活丰富而开放有很大关系。所以，现在您最需要做的是，积极引导老伴和您一同去公园，帮助老伴也投入丰富多彩的生活中。

四是注意识别病态多疑。我们已经说过，有的老人多疑属于病态心理的表现。因此，要通过跟同龄老人的横向对比，通过跟老人过去的纵向对比，看老人是否有病态的多疑。如果发现异常迹象，应及时就医。

其次是自我的心理调节。

当然，多疑老人自己，不能完全依赖家人，自己也要积极进行心理调节。一是注意锻炼身体。保持身心健康，这样有助于增强自信，有助于减少疑心。二是丰富自己的生活。多参加适合老年人的有益活动，这样思维开阔了，有助于淡化疑心。三是增进人际交流。和家人交流，和身边的人交流，有些心事在交流中也就流过去了，疑心也成了飘散的云烟。这样，自己轻松，别人也轻松，何乐而不为？

年长，让智慧随着年龄增长

心灵困扰：智慧可以随着年龄增长吗?

马老师好！请教一个问题，就是关于我们老年人的脑子问题。我是从一家机关单位退休的，到现在有几年了。退休后老哥们儿在一起闲聊，大家都说上了岁数这脑子就是不行了。说实话，原本我自己倒没觉得怎样，听老哥们儿总是这样说，还真有点感觉自己的脑子不行了，感觉智慧不行了，对自己缺乏信心了。

本来，亲友们有事，时常找我商量，都觉得和我商量后好像思路宽、办法多了。可是，前不久又是一位亲戚有事来找我，让我帮忙想个办法。我由于这些日子，总是听大家说起岁数大了脑子不行了，也觉得自己脑子不像以前那样灵敏了，怕耽误事，就没给亲戚帮上忙。结果，弄得亲戚还有点怪我不热心。更奇怪的是，从此之后，我更觉得脑子不行了，好像处理问题也没有过去那么好的思路了。许多事，都不敢参与，许多问题，也不愿思考了。

可是，看到一篇文章说，人到老年，可以让智慧随着年龄增长。您说，人的智慧真的可以随着年龄增长吗?

心理援助：人到老年智慧可以随着年龄增长

您好！感谢您的信任，也感谢您提出了一个很多老年朋友关心的问题。这也是全社会关心的问题，而且随着人口老龄化，这个问题越来越重要了。

人到老年，智慧是不是还可以随着年龄增长？或者说，人老了，脑子是不是就不行了？要回答这个问题，我们不妨先看几个对我们很有启示的实例。

澳大利亚有一位老先生杰弗里·施奈德，1912 年出生于墨尔本，1940 年开始当教师。2012 年 12 月，他迎来自己的百岁生日的时候，还依然活跃在三尺讲台上，成为《吉尼斯世界纪录大全》中“世界上最年长的在职教师”。施奈德的一名学生问他：“老师，今后 5 年还会在圣阿洛伊修斯学院教书吗？”他回答说：“我不想那么远的事情，我只知道，明年我还会教书。”

其实，在我们身边也有类似的实例。他们用生命诠释了一个真谛：人到老年，智慧可以不减当年，年岁增长了，智慧也可以随着年龄增长。

看到这些实例，我们不禁想到这样的话：姜越老越辣，树越老越粗，酒越老越醇，人越老越有智慧。一句话，人到老年，智慧是可以随着年龄继续增长的。

科学研究的结果也证实了这一点。

美国加利福尼亚大学的研究人员，对 3 000 名 60 ~ 100 岁的老年人进行一系列研究，探求大脑随着年龄增长会发生什么变化。研究结果表明：与年轻人相比，年龄越大，反应越慢，这普遍被认为是一个劣势。但事实并非总是如此。年长者的大脑受情绪变化影响小，冲动少，不易对负面刺激作出反应。这份坦然和沉静，正是所说的人生智慧。《美国国家科学院院报》发表的一项研究成果，还得出这样的结论：对于社会各个阶层、各种教育水平和智商水平的人来说，年龄对智慧的影响都是存在的，而老年人在思考社会问题方面贡献更大，年长者往往更加充满生活智慧。研究还发现，老年人更能发现每个人不同的闪光点，更能承认他人观点，更能承认生命的无常，更能接受事物的变化。智慧不单是反应的缓急，不单是计算的快慢，智慧更是对生活的观照和洞察。这，需要随着年龄的增长来逐渐修习。

所以说，人到老年，可以让智慧随着年龄增长。

至于有些老年朋友感觉自己脑子不行了，原因在于，他们接受了“老年人的智力必然衰退”的观点。这些老年人退休了，常会产生一种错觉，感觉生活的终点已经近在眼前了，感觉脑子不行了，感觉做不了什么事了。这就会形成一种消极的心理暗示，使老年人打不起精神，妨碍了大脑的正常工作，阻碍了神经系统功能的正常发挥，从而压抑了自己的智慧。您谈到的感觉自己脑子不行，就是这个原因。

再有，人的大脑神经细胞功能总会衰老，延缓脑细胞的衰老和减少脑细胞死亡的唯一办法，就是让脑细胞工作起来。那些经常工作的脑细胞，营养好，寿命长，而那些不工作的脑细胞衰老得快，死亡率高。丰富的刺激，多样的活动，会相应地激发脑细胞的活力，促进大脑各部分的发展，沟通和丰富各大脑细胞之间、各中枢之间的联系，从而不断提高和保持大脑的功能。

说到这里，我想您一定重新找回了对自己智慧的自信，也一定找到了让智慧随着年龄增长的办法。对，就是平常生活中多看、多听、多写、多想、多学习、多用脑。不论是自己的问题，还是别人的问题，遇到问题不回避、不推脱，多开动脑筋，就会多激发智慧。如此利人利己，何乐而不为？祝您智慧之树常青。

好先生为何偏有坏脾气

心灵困扰：我怎样才能不再自相矛盾?

马老师好！今天我和您谈谈我的困惑。我今年65岁了，本该安享退休生活，却经常心绪烦乱，感觉很不好。我也不知道自己是怎么了，请您帮我分析分析。

上班的时候，别人都说我是个好同志，自己也敢说在工作上是个好同志。自己几十年来，工作上真是兢兢业业、认认真真、勤勤恳恳。对待工作，我可以说是个完美主义者，不管做什么工作，总是做到竭尽全力、力求尽善尽美。所以，工作上业绩很突出，年轻时候奖状一张接一张。不仅如此，对待同事，对待上下级，我也是努力处好关系、做到尽心尽力。所以，我在外面的人缘也很好。过去人们都说我是个好同志，现在大家都说我是位好先生。也正是凭着这一点，几十年自己在职场不断晋升，做了很多年的领导工作，最后是从局级调研员退下来的。

可是，我在家里的情况就不是这样了。在家里，和全家人的关系都不是很好，特别是对孩子们，我经常发脾气。孩子们要是哪件事不对我心思，我立马变脸，大吵大闹。孩子们有些事和我有分歧，我毫不客气，不管怎样必须听我的。我知道，孩子们私下里说我是“一言堂”。我就是“一言堂”。在外面，我要和大家商量，在家里，还商量什么，谁不听我的就不行。过去每天上班，家里的这种情况也不太明显。现在退休了，这个状况更明显了。就这样，因为我的坏脾气，弄得和孩子们的关系也很僵，自己也很苦恼。我为什么这样自相矛盾？

跟您就多说几句。我父亲是在战争年代牺牲的，那时候我也就一两岁，没有父亲的记忆。母亲没有改嫁，我们孤儿寡母几十年。我就是在这样的环境中长大的。在记忆中，听别人说起自己的父亲，我就感到很自卑，很无助，有一种无依无靠的感觉。因此，我也就时时处处小心，努力把事情做好，从上学时起就是老师喜欢的好学生。但是，我心里一直感觉不安全。直到长大了，说实话直到现在，我还是常常想起父亲。我已经写了几篇怀念父亲的文章，歌颂父亲伟大的牺牲精神，表示要永远继承父亲的遗志。不知道我的经历与我的心态是否有关？

和您说了这么多，心里感觉轻松多了。您看我怎样才能不再自相矛盾？

心理援助：让安全感回归心灵深处

您好！您的故事真是挺有意思，外面的一位好先生，在家里却是一副坏脾气。您自己也感觉有点自相矛盾了，是吧？

但是，我要说的是，外面的好先生，家里的坏脾气，其实一点不矛盾，都是因为您的心里缺少安全感，是缺少安全感在不同情境下的不同表现。正如您已经隐约感觉到的，您童年孤儿寡母的生活经历，在您心中种下了一颗不安全的种子，从而通过潜意识活动影响了您的生活，让您在外面是一位好先生，在家里却有一副坏脾气。

我们先说您在外面赢得好先生的赞誉，说明了您有完美主义人格特征。

您知道吗？完美主义人格特征的背后，往往源于一种不安全感。按照心理学的需要层次学说，安全需要是人的最基本的需要之一。您经历的孤儿寡母的生活，让您强烈地体验到安全需要的不满足。人的需要得不到满足，总要寻求补偿。通过什么途径补偿呢？追求完美便是让安全感得到满足的一个途径。如果我们对完美主义者进行深入的分析就会发现，他们常常是出于一种自我保护的需要。就是说，他们做事总是希望毫无瑕疵、完美结局的动机，只是想把自己保护起来，免遭别人的轻视和伤害。一句话，由于缺乏安全感，人就要自我保护，完美主义便是自我保护的一种策略。这种自我保护确实收到了效果，让您在外面工作上有了好业绩，人际关系上有了好人缘。一句话，是内心的不安全感让您在外面成了一位好先生。

接下来我们再说您在家里的坏脾气，也是因为内心的不安全感。

在外面靠完美主义，给自己制造了一个心灵的保护层，来满足心灵对安全感的需要。在家里，这个自我保护的完美主义换了一副面孔，这副面孔多少有了权威的色彩。您知道吗？一个人越是缺乏安全感，就越会对周围的人滥施权威，比如对周围人缺乏相容，对下属缺乏宽容，对家人缺乏包容，等等。您作为一家之长，按常理本该包容地对待儿女，但是，由于内心的不安全感及其导致的完美主义，对儿女也会过多的挑剔，就是说会看到儿女更多的不是，更多的不完美。于是，您内心就受不了，就会借助家长的权威来发号施令、颐指气使，在子女看来就成了唯我独尊的“一言堂”。但是，儿女们总要有自己独立的思考和独立的人格，于是，遇事就难免有自己的主张，有自己的行事准则。长此以往，家人关系陷入紧张中，您也就难免经常发脾气了。一句话，是内心的不安全感让您在家里有了一副坏脾气。

不管是好先生，还是坏脾气，虽然都能帮您的安全感获得一些补偿，但是，都不能真正让安全感回归心灵深处。您该怎么办呢？

我的建议是，一切顺其自然。

一是坦然接纳自我，接纳自我的童年，接纳自我的生活，接纳自我的一切。您已经有了一定的年岁，已经有了一定的生活阅历，您一定能够领悟，追求幸福不是跟自己的人生对抗，而是对自己人生的所有都无条件地接纳。比如接纳了自己的不幸遭遇，就不再对抗，不再纠结。这样，自己的心就逐渐回归真正的安宁。

二是直面内在自我，直面自我的内在感情，直面自我的内在感情需求，进而直率表现自我的内在感情。正如您所体验到的，我们说说心里话，您就感觉轻松多了，这就是直面内心、直率表达内心的好处。以后您还可以这样做，比如，找个适当的机会和家人诉说诉说您的童年生活，诉说诉说您的内心世界，不拘形式，直面内心，放下面子。

再有，顺便提醒您，您写文章表达对父亲的怀念，表面看来是歌颂、赞美父亲的伟大，其实，也是为了补偿自己童年亲情缺失导致的不安全感。由于您给它蒙上了一层歌颂的外衣，反而难以达到心理补偿的效果。所以，建议您也来个直面自己的真实内心，拿起笔来直抒胸臆：父亲，我没有见过面的父亲，儿子想您，儿子一辈子想您啊！也许，这样您会苦不堪言，也许，这样您会泪水横流，但是，如此直抒胸臆，反而会更好地给心灵疗伤，让心灵的伤口得到愈合，找到内心的安宁。如果您愿意，看过信后您就不妨尝试，您会更真切地获得心灵解脱的感觉。

请原谅最后让您重新体验心灵的阵痛。但是，走过阵痛，心灵就会从痛苦中解脱出来，真正走向安宁。祝福您！

第六部分

延年益寿：养生从心开始

“摩西奶奶”的启示

心灵困扰：退休后还能做什么吗?

马老师好！我退休两年了，看了您写给老年人的书和文章，还看了有关您的简介，知道您也不再年轻了，我就很信赖您，今天就专门来请教您一个问题。

我的情况是这样的。我上班的时候，在单位里当个不大不小的官。其实今天想来，也算不上什么官。可是，多年这样的工作却害了我，让我现在什么都不会干了。自从开始做行政工作后，我就不得不放弃了原来的专业。这一扔就是很多年，现在倒好，什么都忘了，什么都不会了。刚退下来的时候，倒也感觉还行。原本就不算个官，也无所谓失落，退下来落得个自由自在……

可是，时间长了就找不到感觉了，真有点闲心难忍啊！我看有的老哥们儿退下来，就是打牌、下棋、遛弯，好像挺悠闲。可这样的日子长了也不叫回事啊！再说，我身体本来不错，就这样闲着也不是个办法，自己就想干点什么。可是，过去的专业一点也拾不上来了，想重新学着干点别的事情，可人又老了。您说，像我这种情况退休后还能做什么吗？人到了老年还能有所作为吗？

心理援助：人到老年也可以有所作为

您好！很愿意和您交流。您的问题很有意思，也是很多老年朋友关心的问题。我们就一同来探讨。

我们先说人到老年是不是还能有所作为。

说起这个话题，想起了“摩西奶奶”的故事。美国弗吉尼亚州的一个农场里，有一个叫摩西的农妇，干了一辈子庄稼活，在73岁时扭伤了脚，不能再下地干活，75岁才开始学绘画，80岁的时候她在纽约举办了个人首次画展，引起轰动。摩西奶奶活了101岁，在最后25年的艺术生涯中留下1 600多幅作品。人们就把这种人到老年有所作为的现象，称为“摩西奶奶效应”。

心理学家格拉宁通过研究，曾得出如下结论：如果每个人都知道自己能干什么，那么生活会变得多么美好！因为每个人的能力要比他自己感觉到的大得多。“摩西奶奶效应”给我们的启示是：一个人的潜在能力是巨大的，一个人即使到了当奶奶的高龄，也不要以为自己老了，也可以有所作为。

有人说，人到老年重在养生。这话不错。但是，谈到老年养生，往往有人片面地认为就是好好休闲。老年固然需要休闲，但是，最好的养生是保持进取之心。进取心是一种积极的心理状态，是健康长寿的重要因素之一。进取心使人热爱自己的生活，有生活目标，有精神支柱，生活充实，心情愉快。这种良好的心理状态，可使人体各种机能互相协调而平衡，促进身心健康。

进取心让人有所追求，脑子多活动，身体多活动，既可延缓大脑的衰老，又可延缓机体的衰退。美国科学家把73位平均年龄在81岁的老人分成三组：勤于思考组、思维迟钝组、受人照管组。结果发现：勤于思考组的人血压、记忆力和寿命达到最佳指标。有科学家用超声波测量出，勤于思组考的人脑血管经常处于舒展状态，从而保养了脑细胞，使大脑不过早衰老。还有人用正电子断层放射照相术的方法，对大脑新陈代谢进行研究发现，脑子活动时，总是把较多的葡萄糖送到大脑中最需要的地方。在安静时，老年人和年轻人相比，大脑内葡萄糖利用率较低，但用起脑来，大脑最活跃的地方所得到的葡萄糖，并不低于年轻人。所以，用脑可促进大脑的新陈代谢，延缓衰老。那些做出巨大贡献的科学家、发明家之所以长寿，都与他们的进取心有关。

接下来再说您的情况能够做点什么。具体到每位老年朋友各自适合做点什么，那就因人而异了。就您的情况说，可以有几种选择。

一是重拾自己的专业。所谓岁数大了记性不好，往往是对新近的事情记不住，心理学上叫“近事遗忘”。但是，老年人的远事记忆往往比较好，就是说过去的东西不容易忘。您说专业拾不起来了，其实是您这么多年扔的结果，是您还没有重拾过去的专业。如果您重拾自己的专业，也许会“英雄不减当年”呢。

二是探索自己的潜能。每个人的潜能都是无限的，只是很多没有被发现，也就没有被开发出来。人在上班的时候，许多事由不了自己，退休之后可能有了更多发现自己潜能的机会。摩西奶奶不就是到了晚年，才发现了自己的绘画潜能吗？这方面的实例很多。也许您就会成为一位“摩西爷爷”呢！

三是丰富自己的生活。您可以从自己身边的小事做起，丰富自己的生活，一样是有所作为。哪怕再小的事情，比如，为一个菜谱精心研究，为一种花种深入探索，只要有所追求，只要热爱生活，在健康长寿的同时，您就有所作为了。祝福您！

我是不是老年痴呆了

心灵困扰：我的脑子出了什么毛病？

马老师好！我今年63岁，三年前成了一名退休职工。退休后，我想好好歇歇了，就闲待在家里没有出去做事，在家里也不想学习、不爱思考了，心想就好好歇会儿吧。

可是，最近两年我发现自己脑子不好使了。平时很难集中注意力思考问题，对事情的反应也不如以前快了。对家用电器等许多新东西，学习起来感到十分吃力。总感到刚学习的东西，怎么也记不住。一个电话号码要看好几次，才能拨出去。想做的事情，一转身就忘记了。计算能力明显减退，特别是心算更感到困难。对新鲜事情开始缺乏好奇心，生活变得平淡无奇，几乎没有任何幻想，连晚上也极少做梦。最近去医院，医生检查说，脑子没有什么器质性病变。

我自信自己还没有老糊涂，对事情看得还清楚，可是为什么脑子这样了呢？您说，我的脑子出了什么毛病？是不是老年痴呆了？我该怎么办才好？

心理援助：对自己的智力充满信心

您好！您的情况表现出了一些智力衰退，但由于不伴有器质性病变，所以，您不是老年痴呆，而是普通的老年智力衰退。因此，您不必过分紧张。看了下面的分析，相信您会对自己的智力更加充满信心。

美国心理学家霍恩和卡特尔，把人的智力分为液态智力和晶态智力。所谓“液态智力”，是与生理活动过程关系密切的一部分智力，主要包括言语表达能力、近事记忆能力、思维敏捷性、觉察环境变化能力、迅速的反应能力等。因为它随生理机能的老化，具有较大的流动变化的特点，就形象地称之为“液态智力”。所谓“晶态智力”，是通过日常经验和知识的长期积累，而获得的可供联想和进行回忆的一部分智力，主要包括常识和语言的理解能力，对历史和现实的比较能力，对事物的分析综合能力、抽象概括能力，分析问题、解决问题的能力等。因为它是长期的经验与知识的积累凝聚而成，具有较为稳固的特点，形象地称之为“晶态智力”。

大量的研究表明，人的液态智力机能一般在成年早期达到最高峰，以后就开始逐年衰退；而晶态智力机能直到五六十岁后也不衰退，甚至还有所改善和提高，只有到七八十岁后才略有衰退。

可见，老年人的智力衰退并非智力的全面衰退，而主要是液态智力随生理机能的老化而逐渐衰退。具体表现为：容易出现反应迟钝，对突然性、时效性、机动性和动作性强的智力活动难以适应；语言表达不畅，常有言不尽意之感；思维定式牢固，思维时空日趋狭隘，难用新的思维方法去研究新情况和解决新问题。至于老年人的晶态智力，却并不随生理机能的老化而衰退，相反，进入老年期后还会有所提高，仍然能够归纳历史经验，善于判断推理，具有很强的解决熟悉领域问题的能力；沉着老练，具有很强的处理错综复杂的事情的能力；虽然思维的速度减慢了，但思维精细，十分准确，考虑问题的失误很少。

现在，对照一下您会发现，您所说的智力衰退，主要不过是液态智力的衰退，晶态智力并未衰退。这是您可以对自己的智力充满信心的一个理由。

您对自己的智力可以充满信心的另一个理由是，老年智力衰退是可以控制、延缓的。就是说，您对保持自己的智力水平是可以大有作为的。

这是因为，人的大脑功能是遵循“用进废退”原则的。通俗点说，人的大脑是越用越灵，不用则会生锈的。

人的大脑神经细胞功能的发育和衰老的程度，在很大程度上取决于后天的锻炼和学习。人发育成熟后，每天就有数以万计的脑细胞衰亡。延缓脑细胞的衰老和减少脑细胞死亡的唯一办法，就是让脑细胞工作起来。那些经常工作的脑细胞，营养好，寿命长，而那些不工作的脑细胞衰老得快，死亡率高。丰富的刺激，多样的活动，会相应地激发脑细胞的活力，促进大脑各部分的发展，沟通和丰富各大脑细胞之间、各中枢之间的联系，从而不断提高和保持大脑的功能。这就是说，平常生活中多看、多听、多写、多想，明显有助于延缓大脑功能和智力的衰退。所以，老年人退休之后，大脑千万不能退休。多做一些事情比无所事事好得多。

再有，既然老年智力衰退主要表现在液态智力方面，而液态智力又与人的生理因素紧密相关，所以，增强体质是预防液态智力衰退的关键性措施之一。老年朋友应适当参加体育锻炼，生活要有规律，形成固定的生活习惯，早睡早起，按时进食，定时排便。老年人比青年人更容易疲劳，要合理安排工作和休息。看书、读报或看电视的时间不宜过长，脑力与体力活动最好能交替进行。注意工作节奏，不要贪多求快。饮食应定时、定量和定质，不要大饥大饱。尽量达到高蛋白、高不饱和脂肪酸、高维生素，低脂肪、低热量和低盐，尽量戒烟限酒。

最后是要保持良好的心态。心理状态也是影响智力活动的一个重要因素。老年人平时要自信乐观，保持愉快舒畅的心情，形成乐观开朗的性格，处世豁达，保持广泛的社会联系，坚持社交活动。特别是对新事物、新问题、新观点，要善于关注和思索，使大脑细胞处于活跃状态，防止大脑功能的退化。环境布置富有情趣，对老年人的心境有重要影响。家里摆设花卉盆景、图画或工艺品，经常听听轻松、悦耳的音乐，可以促进各种感知觉活动，从而促进智力活动，延缓智力的衰退。

好了，现在相信您对自己的智力更有信心了。只要您对退休后闲待在家中的生活方式做点积极的调整，做到人退休了脑子不退休，您的脑子就会充满活力。

如何善待老年健忘

心灵困扰：为什么记忆力不行了？

马老师好！我今年60多岁了，刚退休不久。退休后到现在半年多时间，感觉记忆力不如以前了，好像越来越健忘。昨天发生的事，今天就想不起来了。

有时候，刚刚看过的报刊、文章，过后就想不起来在哪里看过了。有一次，我随手翻看一份杂志，一篇文章当时感觉挺好，第二天又想到这篇文章，想再看看，可是怎么也想不起来是在哪份杂志上了。我把近期的报刊、杂志全翻了个遍，好容易才找到那篇文章。

有时候，刚刚用过的东西，过后就忘了放在哪里了。那天，我用放大镜看资料。由于当时正忙，放大镜用过之后就没有放回原处，随手就放在一边。过后又到原处去找，当然是找不到了，可就是想不起来放在哪里了。

还有，说过的话也不记得了。孩子们常说，这件事您说过几次了。可我还觉得是第一次说。结果，弄得我和孩子们说话，常常要先问孩子："不知道是不是和你们说过？"孩子们就笑："没事，您说吧。"

您说，我为什么记忆力不行了？老年人的健忘有什么规律吗？我该怎么办？

心理援助：对自己的记忆力抱有信心

您好！说到老年人的记忆衰退，确实是有其自身的规律。

老年人记忆衰退，主要表现为近事记忆障碍，叫作“近事遗忘”。也就是说，老年人所遗忘的，主要是近期所发生的事情：常常记不住刚刚见过面的人的姓名，很快忘记刚刚决定要做的事情，想不起不久前答应他人的事情，东西放在那里一转眼就忘了。但是，对于很久以前发生的事情，却总是记忆犹新，说起来绘声绘色。

近事遗忘，就是老年人记忆衰退的自然规律，是自然衰老的心理现象，是正常的心理年龄特征。您的情况就是这样，主要是近事遗忘的表现，不用特别担心。

当然，老年人健忘还有其他一些原因，不良情绪就是一个常见因素。比如，当人突遇灾难性的环境刺激时，有可能骤生焦虑、沮丧、恐惧或不安。为了摆脱这样的情绪状态和心理压力，最省事的一个办法就是遗忘。在精神分析心理学家看来，当人感到孤立无援时，为了摆脱情感上的困境，往往采取压抑的方式，将令人不快的事情压抑到潜意识中去，从而导致遗忘。遗忘的发生往往带有突发性，通常是在严重的心理压力下出现的。这种情况的遗忘，其实年轻人也会发生，所以不是老年人的专利。老年健忘更多的是一种自然衰老的心理现象。

遗忘就一定是坏事吗？未必。一般来说，遗忘也有其积极意义。有时，遗忘有助于对接收到的信息作进一步筛选，减轻大脑的负担，甚至也有助于心理健康。对起因于某一灾难性刺激的健忘，从某种角度说，是一种必要的心理自我防卫机制。如果不影响日常生活的话，也可以暂时任其自然。

经常有这样一种情况：老年人的健忘常常是因为，他们认为自己已经退休，无须花时间和精力去记忆那么多的事情，因而不肯用脑子去记忆。于是，就会表现为记忆力不太好了。您的情况多少也与此有关。

不过，虽说老年记忆衰退是正常的心理年龄特征，也还是尽量延缓衰退进程为好。怎样延缓？有办法吗？当然有。

第一个办法是加强练习，提高记忆。人的大脑是受“用进废退”原则支配的，正如常言所说，脑子越用越灵。所以，减缓健忘的重要办法就是多用脑，多练习记忆。练习记忆力要循序渐进，采用小步子策略，一步一步地去做。比如，开始时先背一些短诗，再背诵稍长一些的诗，最后背诵一篇演说词。再比如，写日记，记周记，将经历过的事情记录下来，也是帮助记忆的好方法。又比如，每晚睡前可以闭目回味一天所经历过的事情，也是增强记忆力的良方。总之，知识丰富，理解能力强，是老年人的优势。老年人的记忆锻炼，要扬长避短，尽量把记忆内容弄懂，尽量用已经积累的原有知识去吸收新知识，形成系统的知识网络，建立起新的记忆结构。

第二个办法是改进饮食，提高记忆。提高记忆还应考虑改善饮食结构。多吃鸡蛋、鱼、肉，补充和供给卵磷脂、乙酰胆碱，可以增加血液中有助于记忆的神经递质；多吃豆腐、芹菜、莲藕、茄子、黄瓜、牛奶，有助于使血液呈弱碱性；麦芽、全麦制品、豆类及坚果等食物含有丰富的镁，有助于核糖核酸注入脑内，保持记忆力。

第三个办法是增强信心，提高记忆。研究发现，人们对年老的态度也影响记忆力的衰退。研究人员在 38 年里对数百人进行了跟踪研究，向研究对象传递了“老人通常健忘”的观念，并询问他们对此的看法，据此分出对老年的悲观和乐观两种态度，随后对不同的年龄进行记忆力测试。结果发现，悲观者比乐观者的记忆力更容易衰退，而且衰退速度越来越快。70 岁时，悲观者的记忆力比乐观者差 3 年，到了 80 岁，两者相差 6 年，到了 90 岁，两者相差 9 年。这就是说，人到老年对生活抱有乐观积极的态度，对记忆力抱有乐观积极的态度，有助于延缓记忆的衰退。一句话，您对自己的记忆力越是抱有信心，记忆力就会越好。

怎样告别失眠的困扰

心灵困扰：到底该怎样摆脱失眠的困扰？

马老师好！我今年62岁，退休两年了。大概是从退休后不久，失眠就成了我的难题。现在，越来越严重了。

我的症状主要表现是，每次一躺下，脑子里就会涌现出各种怕睡不着觉的念头，结果就在床上翻过来转过去，一宿也睡不了多少觉。第二天就会感到很困，感到没有精神。所以，每天晚饭后，我就想早睡觉，可又担心失眠，躺下来就强迫自己及早入睡。可是，越是这样，就越是睡不着。如果醒来，再次入睡就更困难了。

睡不着觉就没精神，没有精神就什么事也办不好。由于睡不着觉，我感觉总是昏昏欲睡，无精打采，做事效率不高，日子过得很痛苦。所以，就更是想让自己好好睡。结果是更睡不着，也就更痛苦。我感觉好像出现了恶性循环。没办法就想吃药。您说，吃药管用吗？我到底该怎样摆脱失眠的困扰？

心理援助：顺其自然不要过于关注失眠

您好！首先我想说，失眠最喜欢吓唬哪些害怕它的人。你越怕它，它越吓唬你；如果你不在乎它了，它反倒会自觉没趣缩回去了。为什么这样说？

一来，所谓“睡不着觉”多是主观感受，即心理学上说的“主观失眠”。

有的人虽然睡着了，却总是觉得全然未睡。我曾经接待过一位老先生，退休后被返聘在一家单位工作，身体也没什么毛病。可他却说自己每天夜里只睡两三个小时，为此而陷入“失眠”的痛苦。后来我了解到，老人一般晚上10点多睡下，早上5点左右醒来，至少也有6个小时的睡眠。可老人却说自己失眠。显然，他的实际睡眠状况比他的自我估计要好得多。科学告诉我们，一个人的精力能够保证正常工作和学习，他的睡眠需要肯定得到了基本的满足。所以，他的所谓失眠就是主观失眠。

那么，为什么出现主观失眠呢？这是因为，人在入睡前的清醒阶段，对自己的意识活动有所记忆，加之闹失眠的人在睡不着时又感到非常痛苦，记忆就更深，也就感到这段时间特别长。在睡着之后，人处在无意识状态，因此就感到睡眠的时间只有短暂的一瞬。这样，就感到整夜似乎都没有睡着。闹失眠的人，常常就是这样，把睡不着觉的时间在主观感觉上给夸大了。

二来，即使是真的一夜不睡，通常也并不影响人的心智活动。

不少人错误地夸大失眠对身体的危害程度，他们诉说由于失眠脑子不好使了，记忆力下降了，甚至认为身体都会因此垮掉。其实，这是杞人忧天，是自己主观臆造出来的。心理学家曾经进行过睡眠剥夺实验，结果发现，即使真的一夜没睡，对第二天人的身心活动也基本没有什么影响。重要的是，说长期没有睡觉却又正常生活的人，事实上还是主观失眠，是自己吓唬自己。因为睡眠和吃饭一样，人的机体几乎是本能地有一种自我调节机能。你上顿饭没吃好，下一顿肯定吃得香。睡眠也一样，你昨天欠了账，今天它就要你还。所以，那种感觉失眠对自己的身心大有危害的想法，只是一种“感觉”而已。只要别总想着“没睡好就没精神”，就会有足够的精力。

睡不着觉就吃药，好不好？

靠吃药也许可以让人睡觉，但一般说靠吃药是不能治好失眠的。人一旦用了药，就容易形成一种消极的自我暗示：我是失眠的人，要靠吃药才能入睡。结果哪天不吃药躺在床上，心里就会这样想：我今天会睡不着觉。于是呢，就果真睡不着觉了。所以，除了特殊的暂时需要外，一般不用药物治疗失眠。所以在心理咨询中，我一再强调，要治好失眠症，应该靠心理调节。

那么，怎样进行心理调节才能走出失眠的困扰呢？

一是丰富活动法。很多老人退休后的生活往往比较单调，甚至无所事事。这种情况会影响睡眠质量。您的情况可能就与此有关。所以，您应该丰富日常的活动内容，特别是增加一些文体活动，让自己忙起来。这样，一来转移了自己对失眠的注意，二来调节了神经活动，从而有助于睡眠。

二是欲擒故纵法。失眠的人常常这样：一到睡眠时间就硬性地躺在床上，强迫自己入睡，心里总想着怎么才能睡着，唯恐睡不好。这样您准睡不着。如果转念一想：睡好睡不好，无所谓，由它去。躺在床上睡得着就睡，睡不着就眯眼歇着，再不行就随便做点什么事。一切顺其自然，反正睡好睡不好不碍什么事。结果呢？入睡反倒容易得多。这是因为，总想着怎样才能入睡，实际上是刺激了大脑，让大脑更兴奋了。而把这念头扔掉，欲擒故纵随它去，大脑反而平静了。于是，人反而容易进入梦乡。

心理咨询中一位老年朋友说：“我好多年离不开安眠药了，一天不服就入睡困难。有一天，我照例将水和安眠药准备好，放在床头，正准备服用后上床睡觉时，忽然想起一件事该办，我便先忙着去办那件事。办好了，以为服药了便上床睡觉。结果呢？很快入睡了，并且整个晚上都睡得很好。”为此老人困惑不解：这是为什么？

这是因为，他的大脑皮层贮存了这样的信息：安眠药已经备好，不用担心不能入睡了。这就是说，他没有“失眠”的心理负担。这样一来，他没有服用安眠药，照样可以很顺利入睡，并且睡得很好。这一情况对他启发很大。后来他说：“我于是在第二天上床睡觉前，准备好水和安眠药，放在床头，但不服用，上床睡觉。结果如何呢？我果然又很快入睡了，并且睡得很好。以后，我每天晚上都照此办理，结果是每天晚上都顺利入睡。”这是因为他的大脑皮层储存了这样的信息：安眠药已经备好，就在床头，伸手可及，随时可以服用。因此他不担心不能入睡，没有心理负担。所以他顺利入睡，而且睡得很好。又过了一段时间，他渐渐地感到，没有安眠药，他完全可以顺利入睡，并且睡得很好。从此，他彻底摆脱了安眠药，也彻底摆脱了“失眠”的困扰。

这个实例启示我们：对睡眠越是不关注，不担心，没负担，没压力，顺其自然，往往就睡得越好。所以，治好失眠最根本的对策是：不要过于关注失眠。

人们在睡眠上的差异很大，就是同一个人不同的时间也有差异。人们对自己的睡眠状况，应该采取一种顺其自然的放松心态，哪一天入睡快一些，哪一天入睡慢一些：哪一天睡的时间长一些，哪一天睡的时间短一些；哪一天感觉做了梦，哪一天感觉没做梦；如此等等，都不必太关注。这才是一种正常的心态。有了这种心态，失眠症就成了我们生活中留也留不住的“客人”了——它会知趣地悄然告退。

老年养生不要太痴迷

心灵困扰：我热衷养生有什么不对吗？

马老师好！我是个退休的人，今年63岁了，本来家庭生活挺好的，没想到因为我的养生发生了家庭矛盾，特别是和老伴的矛盾。

我这个人比较注重养生，上班的时候顾不上，心想退休了就有空好好养生了。退休不久，我就参加了一个老年养生中心的活动，听讲座，学材料。同时，凡是有关养生的信息，都让我很有兴趣。各种养生器材，各种养生偏方，各种养生食品，我都要研究，也都买了一些。看到哪里有养生的资料，听到谁说起养生的经验，就收集起来。不瞒您说，我还想整理出来给别人讲讲呢。

我在讲究饮食等方面养生的同时，还特别加强了运动养生，只要有空就会健身锻炼。最初就是散步，后来看太极拳有意思，就开始跟人学，回到家里自己看视频，学了好几套。后来也练剑，买了两三把剑，还置办了两套服装。今年，我又迷上了广场舞。先是在外边跟大家一起跳，回到家里自己跟着视频跳。慢慢地，大家都说我跳得好，就让我教大家，还有管我叫“教练”的。这下，我热情更高了，既然要教大家，自己就得先学习呗，在家里就更不顾上别的了，有空就看视频研究学习，研究好了到外面教大家。到今年夏天的时候，每天晚上要跳两个多小时，早上还要跳一个多小时。

结果，不知是累的，还是热的，自己吃不消了，病了好几天。本来，为养生老伴就常常和我闹矛盾，说我心里没有他，说我没有这个家，说我这么迷养生也没见身体有多好。这下，老伴的意见更大了，那天和我大闹：让你养生，都是你养生惹的祸。你看你，整天不够你忙的了，有你这样养生的吗？

难道我热衷养生有什么不对吗？难道我注意养生还会养出病来吗？

心理援助：养生的关键是养心

您好！养生没什么错，养生对身体有好处，这毫无疑问。恕我直言，其实您自己心里也清楚，您的问题用您老伴的话说，是没有您这样养生的，是您的养生有点太过了。近年来有个新词叫“养生控”，说的是对养生有特殊爱好的人，或是有养生情结的人，他们往往对养生表现出超乎常人的痴迷。您是不是有点这个问题？

这就是说，注重养生，注重身体锻炼，固然是件好事。但是，从心理学的角度看，如果一个人过度在乎养生，过度在乎身体锻炼，就会变成一种心理负担，情绪就会变得焦虑。负担和焦虑，分明不是一种好心态，也就必然不利于养生，不利于身体保健，甚至适得其反。为了养生，这也讲究，那也担心，瞻前顾后，担惊受怕，患得患失，那颗心整天缩成核桃样舒展不开。如此心态，哪里还会健康长寿？

如此说来，您的痴迷养生就需要做适当调节了。

首先，我们得好好想想养生的意义是什么。我们为什么养生？我们不是为养生而养生，我们养生归根到底是为了生活质量更好。这个生活质量，既包括个人的生活质量，也包括家庭的生活质量。现在，因为您的过分痴迷养生，不仅没有给自己的身体带来好处，而且影响了和老伴的关系。一旦老两口生起气来，既影响了感情，也影响了健康，哪还有好的生活质量？所以，我们一定得时刻不忘，所有的养生活动都是手段，让自己和家人的生活质量更好才是目的。照这个方向，我们的养生才不会走偏，才不会过度，才不会适得其反。

接下来，我们还得好好想想养生的关键是什么。养生的关键是什么？是养心。所以有人说，下士养身，中士养气，上士养心。人体的生命力分各种不同层次，由各个系统组成，需要一个总指挥。这个总指挥就是心态。如果这个总指挥状态良好、指挥若定，全身的生命能量就可以最大限度地调动起来。养心的关键是什么？是静心，是安心，是心要安定。心定则气顺，气顺则血畅，血畅则精足，精足则神旺。气顺血畅精足神旺了，哪有不健康的道理？这就是古人说的，"精神内守，病安从来"。不错，养生讲究动静结合。这个动，说的也是身动，不是心动，心还是要静。而您如此痴迷养生活动，用您老伴的话说"不够忙的"，您的心能有几分清静，能有几分安定？心不清净，心不安定，哪会有好的养生效果？

最后，我们就得想想养生的理想状态是什么了。养生的理想状态是什么？是顺应自然。老子说："人法地，地法天，天法道，道法自然。"顺其自然才是养生的理想境界。怎样才叫顺其自然？就您的情况而言，是不是至少有几点要注意了？

一是养生活动要适量。您老伴说得对，凡事都不能过。运动养生也不能过。运动能促进血液循环，改善机体组织器官的供血，改善代谢功能，有助于健康。这没错。但是，过度运动，就会伤害身体，损伤肌肉关节，甚至引发疾病。说句话您别不高兴，有些老年朋友，不顾自己的年龄，说是为了养生健身，其实是有点逞强，为此而让身体受伤、受病，连累家人。这真不该是我们老年人所为。

二是养生项目要简化。静下心来，根据您的经验，看看哪个锻炼项目适合自己，留下一两项、两三项就可以了，如散步、打拳、健身操。持之以恒，形成习惯，也就容易静下心来，心神安定，才顺其自然，才有益身心。

三是养生最好夫妻相伴。和老伴好好沟通一下，消除矛盾，求得共识。您退一步，减轻活动量，减少活动项目，让老伴进一步，增加些健身活动。然后，选择可以共同进行的健身活动，夫妻相伴来养生。这样既健身养生了，又促进了夫妻感情，既有利于彼此的身体健康，更有利于彼此的心理健康。多好！

老年人怎样心理养生

心灵困扰：老年人该怎样心理养生?

马老师好！我是三年前从机关单位里退下来的，经常看到您的关于老年心理咨询的文章，很受启发，特别是您在一篇文章中的“心理养生”的提法，感觉很有道理。您说得没错，无论社会和家庭为老年人提供多么好的养老环境，如果老年人自己不会调适自己的心理，不会进行心理养生，也不好说健康长寿。

可是，具体说来，老年人该怎样心理养生？您还可以谈谈心理养生的具体内容吗?

心理援助：心理养生要多方面协同共进

您好！很高兴我们对心理养生有共识。老年人要健康长寿，的确要调适自己的心理状态，做自己心理状态的主人。心理养生是老年人养生的法宝。具体说来，老年人心理养生，应该多方面协同共进。

一是进取养生。

谈到老年养生，往往有人片面地认为就是好好地休闲娱乐。休闲娱乐固然不错，但最好的养生是保持生命的进取心。进取心是一种积极的心理状态，是健康长寿的重要因素之一。进取心使人热爱自己的生活，有生活目标，有精神支柱，生活充实，心情愉快。这种良好的心理状态，可使人体各机能互相协调而平衡，促进健康。

进取心让人有所追求，遇困难不气馁，能刻苦钻研，发奋学习。这样，脑子多活动，身体多活动，可以延缓大脑的衰老，又可延缓机体的衰退。

二是淡泊养生。

“非淡泊无以明志，非宁静无以致远。”淡泊是一种高尚的境界：淡泊名利，心胸开朗，无忧无虑，无仇无怨，无悲无悔。如此心态，自然有益于健康。相反，如果比级别待遇难免不如人，比生活条件难免不如人，就会越比越生气。这样，消极情绪就会困扰自己，心理难以平衡，必然损害健康。“文坛寿星”冰心老人在82岁时曾以“淡泊以明志，宁静以致远”为题，总结她的养生经验。她认为，淡泊就是对物质生活不过分奢求，过清简朴素的生活，宁静是心里尽可能排除个人的杂念，少些私心。人到老年，不为个人私利操劳，心胸就会宽广，心情就会舒畅，这样就不会伤神伤身，终会健康长寿。

淡泊，宁静，还能控制自己的情绪。无论遭到什么挫折，能冷静对待，面对现实，顺其自然，不以物喜，不以己悲，经得起欢乐与忧伤的考验。

需要说明的一点是，淡泊养生与进取养生不是矛盾的，而是相辅相成的。进取是说有所追求，保持心灵的活力，淡泊是说看轻功利，拥有心灵的自由。反过来说，老年人的进取不是追名求利，老年人的淡泊也不是无所事事。有一份寄托，有一份宁静，便是乐在其中。

三是遗忘养生。

遗忘就是神经联系的抑制和消退。因此，遗忘的东西也就不能再干扰人的心态和情绪。所以，老人要学会忘掉那些于身心健康不利的东西，做到情绪平稳。

那么，哪些是该遗忘的东西呢？

一是遗忘坎坷的经历。不为经历的坎坎坷坷而悲伤，心情平静地做好眼前的事，会让心中多一份光明。二是遗忘个人的恩怨。有的老人提起年轻时某人对他的伤害，就牢骚满腹，喋喋不休，怒气冲天，记了一辈子的仇，付出了一辈子的代价，不值。受了打击感到委屈，可以理解，但忘记恩怨，心胸豁达，才是善待别人，也是善待自己。三是遗忘生活的烦恼。生活不可能没有烦恼，不要总记在心上，有时因为夸大了小事，引起不必要的烦恼，更不合算。生命有限，失去不会再来，还是把心烦的事情忘掉，以求心情平静，利于健康。四是遗忘力所不及的事。人生有顺境也有逆境，有成功也有失败。克服了困难，取得了成就，自然可体会到战胜困难的幸福，但在战胜不了时，还是忘掉为好，不要勉强去办。

日本人总结老年人的长寿经验，也提出了三个“忘记”：一是忘记死亡，可摆脱恐惧死亡的困扰；二是忘记钱财，可从钱财的桎梏中解放出来；三是忘记子孙，可卸去为子孙操劳的精神负担。这也是值得参考的。

四是转念养生。

许多事情还没有成为往事，就摆在面前，是没法遗忘的。我们可以转换念头。有时候，同一现实情境，如果从一个角度看，可能引起消极的情绪体验，陷入心理困境；从另一角度看，就可以发现积极意义，从而使消极情绪转化为积极情绪。比如同是到了退休的岁数，有人就想：人生末路了，还有什么意思？有的人想：终于可以做一回自由人了，终于可以做自己乐意做的事情了，退休真好。

为什么会这样呢？心理学上有个“ABC 理论”。其中，A、

B、C分别是，外来激发性事件、个体不同的认知评价系统、外来激发性事件引起的情绪反应及行为结果，三个英文单词的字头。“ABC理论”认为，外来激发性事件都是中性的，但是，由于个体依据不同的认知评价，对外来激发性事件进行了不同的解释或评价，于是，便导致了积极或消极的情绪反应。就是说，导致C的原因并不是A，而是B。这个理论告诉我们，决定人的情绪是积极的还是消极的，不是现实生活情境本身，而是人们对现实生活情境的看法和理解。

因此，在审视、思考、评价某一客观现实情境时，我们可以转念一想，也就是转换一下我们自身的认知评价。这样，即使是面对所谓让人心烦意乱、痛苦不堪的事情，我们的心灵天空也能够“阴转晴”，我们的心情也会好起来，有利于养生。

五是宣泄养生。

心理学告诉我们，当一个人受到挫折后，用意志力压抑情绪，表现出通常情况下的谈笑自若，这种做法虽可以用来应付某些社交场合的要求，但是，却会把由挫折引起的紧张累积起来，最终导致精神崩溃，带来更大的身心危害。比如，愤怒时如强加抑制，就像一颗定时炸弹，时刻有毁灭自己或他人的危险；悲痛时如强加抑制，不随泪水宣泄出来，不仅会危害身心健康甚至会导致气绝身亡。如同闷热的夏天，唯有一场大雨，才能使空气一新，困境中的心理重压也只有宣泄出来，才能赢得心灵的一片晴空。心理学的实验证实了这一点。研究者让一组学生每天把经历的伤心事写出来，另一组只记录一般生活，不提伤心事。6个月后，经过检查，把伤心事倾诉出来的学生的免疫功能显著改善。这说明，宣泄可以得到心理上的解脱，同时可以提高身体的免疫功能。

宣泄有两种方式可供选择：一是理智性的合理宣泄，如对亲友诉说心中的痛苦。二是情感性的合理宣泄，如在适当场合和时间，大哭一场，一任泪水横流；大叫一阵，一任怒火喷发。虽然，身为祖辈、父辈，不好在儿孙面前随便发火流泪，但是，在适当的时候，在适当的场合，比如说剩下自己一个人的时候，或者当着老伴的面，您还是不妨把有害身心的消极情绪宣泄出来。这样，于尊严无损，于身心有益，何乐而不为？

老来忙碌好养生

心灵困扰：清闲好，还是忙碌好？

马老师好！看过您主持的心理专栏，也想咨询一个问题。

我老伴从工厂刚退休不久。自从退休后他总是说：总算退休了，这下可不用再忙里忙外，可以坐享清福了。没想到，他这么说，也这么做，整天真的什么也不干，什么也不想了，一天到晚，里外转悠，四处闲逛。现在还迷上了打麻将。每天上午在家里闲坐，下午打麻将。

我说，这样不好，我刚退休那会儿，也是想着好好歇歇，这我理解，可时间不长就闲不住了，老来太轻闲了不好。可老伴不听我的，他说忙一辈子了，老来不好好清闲清闲，难道还要忙碌？您说人到老年，到底是清闲好，还是忙碌好？

心理援助：忙碌使生命之树常绿

您好！很高兴与您讨论这样的问题。依我个人之见，我做您的支持者。因为：老来忙碌好养生。当然，我们说的是适度的忙碌。

为什么这样说呢？

一来忙碌让人有了生活目标。如果默默地坐在那里从早到晚，由春到冬，这无聊的空闲和等待，再也没有比这痛苦难熬的事了。所以，退休了，年老了，应该让自己忙起来。继续自己退休后的一份事业，或者是培养一个兴趣爱好，哪怕就是养养花，做做饭，都是一种生活的目标。有了目标，老年时光的每个日子才变得有意思。

二来忙碌使人生活充实。刚一出生就手脚不停，是新生儿的活力。中年人紧张的工作，带来的是生活的充实。可一到老年，由忙忙碌碌到坐享清福，生活会变得无力，会感到无形的心理压力。您了解一下身边的老人们，十有八九会这样说。人几乎是本能的需要活动。老来没有了忙忙碌碌的活动，无异于静等那可怕的日子。

三来忙碌有益于身体健康。我知道这样一个真实的故事。一位多年体弱多病的老太太，到50多岁时抱上了孙子。每天忙于照看孙子，反而忙得身子骨越来越硬朗了。人们说：这老太太，硬是让孙子“治”好了病。这故事曾一度传为美谈。就是这样，适度的忙碌，可以活动全身的肌肉关节，有助于血液循环和淋巴液循环，预防心脑血管疾病，提高机体免疫力；也可以使内脏器官得到活动，有助于加强消化、排泄等器官的功能，提高机体的新陈代谢，从而益寿延年。

四是忙碌带来高质量休息。忙碌之后产生休息的需要。这种休息让人体验到一种强烈的舒适感，是一种高质量的休息。一个人整天坐在沙发上，会感到腰酸背痛，谈不上什么舒适。而忙碌之后再坐到沙发上，会有飘然欲仙的体验。“忙”与“闲”的感受对比度拉得越大，这种体验就越深。

五是忙碌有助于心理健康。有一位女干部退休前工作繁重，身体却很好。退休不到一年，就三天两头跑医院，总疑心自己身上有病。后来被单位返聘到服务公司工作，又忙得把“病”给忘了。心理医生解释，她得的是“自我过敏疾病”。退休在家无事可干，注意力指向自己的身体：我的脉搏是否正常？我的腰是不是有毛病？如此经常暗示，多少会找出点“毛病”来。心中再一忧虑，无病就会变有病，小病就会变大病。而重新投入工作，忙碌起来，就无暇“体验”自己的身体，所谓的“毛病”也就没有了。事情就是这样，到了老年，如果还能醉心于自己的兴趣爱好，继续工作，操持家务，忘却烦恼，就能从忙碌中体会到生活的乐趣和欢愉。

如此说来，真正是空闲催老，忙碌使生命之树常绿。

您说，是不是老来忙碌好？

至于您老伴的图清闲的心态，除了个人认知差别的原因外，很大可能还是与刚刚退休有关，还没有调整过来。如同您自己刚退休那会儿一样。您不用急，一面增进沟通和交流，一面慢慢等待老伴的自我调适。过一段时间，您老伴会在忙碌中重新找到自己生命的追求的。您呢，再和您老伴多点合作，就会多一份忙碌的乐趣。

当心盲目体检惹“心病”

心灵困扰：我怎么感觉身体越来越不好了？

马老师好！我虽然70多岁了，平常身体还算挺好的。可是，最近却感觉浑身不好受，浑身都是病了。说起我这个病，得从一个多月前的常规体检说起。不体检，好好的，这一体检，反倒找上病了。体检结果发现我的血肌酐为110。医生说，血肌酐高预示着肾功能不好。如果血肌酐太高了，就会得尿毒症，就得透析。闻听此言，当时简直是晴天霹雳！尿毒症？透析？这还了得！这可把我吓坏了，差点晕倒，恍恍惚惚硬撑着才回到家。

当天回到家里，就感觉自己三分病了，吃不好，睡不好，严重地失眠。随后，就去医院再做检查。医生说，虽然各医院的正常值标准略有差别，不过我的检查结果跟常规体检差不多，还是在正常值上限。医生给开了西药。吃了两天，自己不放心，又去了外地一家大医院看了中医科，检查结果差不多。我又吃了一段时间中药。再去做检查，稍有降低，没有多大变化。心里就还是担心，担心真得尿毒症了，真要透析了，可怎么活呀！

越是怕有病，越是来病。先是感觉前胸难受，再是后背难受，再后来是全身难受。哎，这些日子没干别的，天天跑医院，看医生。这些日子下来，各种检查，如心电图、

CT 等，都没什么问题。可这一折腾，我感觉身体越来越不好了，甚至感觉自己好像没救了。您说，我身体本来好好的，怎么就病成这样了呢？

心理援助：人到老年应正确对待体检

您好！您不用担心，不用怕。您的问题，是由于错解体检结果，形成了消极心理暗示，从而导致了主观感觉身心不适，说白了，就是盲目体检惹的“心病”。这种情况，在我的心理咨询中时有所见。大凡这种情况，其实当事人都隐约感觉到自己的问题，不是身病，是心病。这，也正是您不去看医生而选择心理咨询的原因。

就常规体检而言，我们都知道，身体各项指标都有个正常值范围。既然您血肌酐的体检结果在正常值范围之内，即便就年轻人来说，也应该认为是健康的，是没问题的，何况对您这样的 70 多岁的老人，更该说是好消息了。至于医生说的话，虽然不是很妥当，也不过是提醒人注意，而不应该过于紧张和担心。

我替您请教了权威医生。医生的说法是：老年人身体有个老化过程，肾小球滤过率也是在下降的。所以，肌酐值肯定不像年轻人这么好，要求也不能那么高，虽然在正常值的上限，也是可以接受的。这告诉我们，像我们这样人到老年了，身体各项指标都难免不再像年轻人那样，也是人之常情。更何况您的结果在正常值范围内？

也许，让您感到奇怪的是，总想着身体不好，怎么感觉身体真的不好了呢？

因为，人自认为身体怎样时，他（她）的心便会传达一个不容置疑的指令，命令他（她）的身体朝他（她）自认为的那样变化。这，就是心理暗示的原理，也叫“标签效应”。积极的暗示，产生积极的标签效应，通过调节神经内分泌系统，可以促进有益激素的分泌，增强身体健康。消极的暗示，则会产生消极的标签效应，出现心理障碍，抑制有益激素的分泌，妨碍身体健康。这叫什么？这叫身体跟着心念走。

您的情况就是这样，因为对体检结果理解有偏差，形成了心理压力，由于消极的心理暗示，让心理状态特别不好，自己总不往好处想，所以身体就不往好处走了。

由此说来，人到老年该怎样正确对待体检呢？

一般说来，人的身体没有绝对健康，人到老年，身体肯定会衰老、退化，身体各项指标就更难免超出正常范围。打个比方，好比一部机器，开了多少年之后，总难免要老化，总难免有些部件受损，或者功能减退。说白了，到了七八十岁的年纪，只要能吃、能喝、能做事、能有正常的生活，就应该说是健康的老人，就应该高高兴兴享受快乐的老年生活，何必让体检结果吓坏了？

当然，常规体检，自然可以尽管参加。但是，如果没有做好心理准备，动辄就让体检结果吓坏了，就真的不如不盲目体检呢。如果已是高龄老人，更不宜盲目参加体检了，最好是随顺自然，安心度日，如此反倒会多些晚年的好日子。盲目体检往往会徒增心病，让人慌乱，让人恐惧，让人吓出病来。

话说回来，也不能全怪体检，关键在我们自己的心。境由心造，身随心转，身体跟着心念走：跟着消极的心念往坏处走；跟着积极的心念往好处走。所以，要想健康长寿，最根本的是有个好心态。即便体检真的发现身体有些情况，也不宜盲目治疗，更不宜过度治疗，而应该学会与病为友，与病和谐相处。如此，我们人到老年，就会多享受一些身心安宁。反过来，如果体检稍微发现点问题，就坐卧不宁，就寝食不安，就惶惶不可终日，就整天跑医院、看医生、吃药、打针、输液，盲目治疗，过度治疗，反而会没病找病，影响身心健康。

交流到这儿，相信您不会再让体检结果吓唬自己了，相信您对体检和体检结果会多了一份放心，对自己的身体也会多了一份安心，对自己的身体健康更会多了一份信心。身体跟着心念走。有了这份好心念，您的身体会跟着越走越好。祝您健康！

第七部分 人生课题：倾听生命的韵律

怎样顺利走过更年期

心灵困扰：更年期应该注意什么？

马老师好！我今年55岁，是一名小学退休教师。应该说，我本来是个性格挺好的人，再加上长期的职业习惯，养成了有耐心、细致、平易近人的个性。大家都说我很有亲和力。我也感觉自己是个人缘不错的人。

可是，近几年来，应该说从退休前我就开始时常情绪失控，班里的学生稍有违纪行为，我就会大动肝火。有一次竟拍着桌子大骂学生，骂过之后又后悔不已。学生出现一些小问题，我自己常常感到紧张不安，担心学校领导和同事对自己有看法。

在家里，我也感到了自己的变化。常为鸡毛蒜皮的小事和孩子爸爸争吵，和孩子也会出现冲突。有时候，孩子爸爸说，别理你妈，她更年期了。其实，有时我也感到是自己有些不对劲了，却有点像小孩子似的，越说我更年期我就越来劲儿。

请问我这是平时人们说的更年期吗？女性更年期会有哪些表现？都应该注意什么？还有，有的和我同龄的女性不像我的感觉这样明显，这又是为什么？

心理援助：首先是积极的心理调适

您好！来信中反映的问题是个普遍性问题。从信中介绍的情况来看，您的确正处在更年期。您的一些心理行为的变化，很可能是更年期导致的一些症状。

所谓更年期，就是从中年期向老年期的过渡时期。大多数女性的更年期在 45 ～ 55 岁。

在人的一生中，更年期是生理和心理变化比较剧烈的又一个时期。就女性而言，进入更年期后，有的首先出现生育能力衰退和月经紊乱的现象，最后出现绝经；有的出现植物性神经调节失常和激素比例失调，导致失眠多梦、耳鸣眼花、头晕头痛、心悸胸闷、手足出汗、关节疼痛、肢体麻木、性欲冷淡或增强；也有的因代谢紊乱而加重高血压、冠心病、高脂血症等躯体疾病的症状。

与此同时，还表现出精神状态和心理状态的改变。有的产生悲观、忧郁、烦躁、不安、易怒、多疑、唠叨和神经质等表现，严重时甚至还有可能出现类似于精神病的症状，家庭关系也容易出现冲突。

所有这些症状被统称为“更年期综合征”。

但是，正如您所说，更年期的身心变化确实存在个体差异。由于种种原因，有的人身心症状就不太明显。其中一个不可忽视的因素，是个人的心理因素。平时心态较差，比较敏感，不善调节，就会身心症状重一些。您的情况，确实有点心理自我放大的意思，不但不善调节，还有点拿更年期说事，来求得家人的更多关注。当然，您也不必过于自责，很多女性都会出现这种心态。

为了顺利度过更年期，应从哪些方面进行调适呢？

首先是积极的心理调适。

一是充分做好心理准备。勤用脑，多学习，不断接受新的知识，对更年期的身心变化知识有所了解，做好充分的心理准备，认识到更年期是一个暂时的生理和心理失调阶段，不必过于紧张与不安，以较平和的心态准备度过更年期。

二是平时注意调节情绪。发挥主观能动性，做情绪的主人，不被消极情绪所奴役。既要防止过度焦虑和情绪低落，又要避免情绪过度兴奋，克服急躁、发怒等过激的情绪反应。感到心态不好的时候，不去处理较麻烦的人际关系问题，更不要拿更年期说事。

三是合理宣泄不良情绪。改变自己不良情绪的最好办法，就是寻找合适途径进行宣泄。比如，选择适当的时候，向知心朋友道出心中的苦恼，争取同情和关心；向丈夫诉说心中的郁闷，争取体谅；向医务人员讲清自己生理和心理上的不适，求得帮助；等等。实在不行的时候，把自己关在房中大哭一场，也不失为一种求得放松的宣泄途径。

其次是有效的生活调适。

一是作息有规律。退休后离开工作岗位，有些老年人认为，不再工作了，无须再受时间的束缚，随即打破了过去长期保持的生活节奏，导致心理严重失衡。应该有规律的生活，做到起居有常。人体的所有生命活动有节律性，起居生活符合节律变化，能够提高自己对自然环境的适应能力，甚至能够增强身体的免疫能力。具体说来，应该根据自己退休的实际情况，重新制定作息时间表，能够按时起床，形成新的有规律的生活。注意劳逸结合，做到有张有弛，量力而行。

二是睡眠要充足。良好的睡眠有助于身心健康。进入更年期要注意保证睡眠。每晚保证睡眠时间不少于 7 小时，午睡 1 小时，并尽量早睡早起。

三是饮食要调控。到了更年期，要按时定量进餐，每餐不宜过饱。食物要有足够的蛋白质、低脂肪、低胆固醇、少糖、少盐，食品尽量细软、熟烂和易于消化，注意色、味，提高自己的食欲。

最后是适当的运动调适。

处于更年期，要坚持锻炼身体，多参加自己感兴趣的业余活动。

运动是健康之本，能够加强呼吸系统、造血系统和消化系统的功能，改善代谢功能和免疫功能。所以，每天应安排适量的活动，包括步行、慢跑、打太极拳和早操等。活动量和活动的强度，要根据每个人的具体情况而定，但最重要的是持之以恒。

一般说来，经过积极的自我调适，更年期综合征不必治疗。如果症状较重，就需要借助药物治疗了。但一定要遵照医嘱，不能随便用药。当然，家人的理解和关怀，是很好的心理支持。但是，归根结底，自己的生活，还是靠我们自己做主。

男性也有更年期

心灵困扰：男人在更年期该注意些什么？

马老师好！我今年61岁。最近几年来，我感觉自己有了很明显的变化。有时候做点事就感到体力不支，容易疲劳乏力，活动时间长了就想休息。还有，说句不好意思的话，好像夫妻性生活也退步了，这一点最近更明显了。

最让人感到困扰的是，我发现自己变得容易冲动发怒了，好像得了什么心病一样。在外面还好得多，但是在家里，和老伴更容易发脾气，惹得大家都不开心。那次，因为一点小事，又和老伴闹了起来，大发脾气，闹完了自己还生气，两三天不痛快，好久好久不过劲儿。

一次，我又和老伴发脾气。过后，女儿背地里悄悄对我说：爸爸您是不是有点不对劲了？我知道妈妈有过更年期，爸爸您也到了更年期？可妈妈的更年期是好几年前的事情了，爸爸怎么今天才到更年期吗？

我明白孩子是在提醒我，让我注意调整一下。说实话，对上面的问题我还真是不很清楚。您说，男性是否也有更年期？男人更年期有哪些表现？又该注意些什么？

心理援助：进行自我调适是关键

你好！的确有不少人和您有一样的困惑。过去，人们一直以为只有女性才有更年期。其实，这是一种误解，孩子提醒得没错，男性也同样存在更年期。

男性更年期出现的生理基础，是由于睾丸功能的退化，因此造成的内分泌失调，在心理和行为上出现一些变化。有的人过去办事雷厉风行，到了更年期却变得优柔寡断。有的人过去敏感好学，现在却对学习毫无兴趣。有的人还可能出现不安、易怒、失眠、多梦、头痛、乏力、易疲劳、孤僻和焦虑等症状。有的人体力开始下降，休息时间延长，经常出现头晕、抑郁或行为不合群等一系列变化。同时，性功能也开始下降，很多人为此而苦恼。这时，很容易出现燥热、精力不集中、记忆力减退、喜怒无常、容易紧张、血压波动、偶发早搏，等等。这就是男性更年期的表现。

不过，男性更年期与女性更年期有很多不同之处。

从年龄上看，男性更年期的出现比女性晚，出现的时间个体差异也比较大。男性一般在 55 ~ 65 岁，而女性一般在 45 ~ 55 岁。之所以如此，是因为睾丸的退化出现较晚而且缓慢。从男性性功能来说，精子的生成能力在更年期后也不会完全消失，而女性绝经后卵巢萎缩，不具备产卵功能了。

从症状上看，女性 50 岁以后激素水平迅速降低，从而造成一时的内分泌失调，出现因生理变化而出现的如前所述的症状。但是，男性性激素的分泌量，随年龄的递减速度比较缓慢，睾丸的功能逐渐衰退，但不是完全丧失功能，这是与女性更年期的根本区别。因此，男性更年期症状较轻，有的人症状很少，甚至无所察觉。

从心态上看，有些男性在更年期还时常表现出一些心理特点。一是过分敏感。把周围的一些不愉快事件与自己联系起来，比如，听说那位同龄人得了什么病，马上会联想到自己。二是在意流言蜚语。比如，对单位和社会上的小道消息非常在意，甚至造成精神上的恶性刺激。三是动作关系假设。比如，看到别人在一起议论某件事，就会联系到他们在背后议论自己。四是盲目怀疑他人。比如，怀疑同事在背后打过小报告，搅了自己的好事。

从体态上看，男性进入更年期后，皮下脂肪较过去丰富，甚至可以看到乳房了。全身的肌肉，也不再像年轻时那样健壮有力，变得有些松弛，颜面显得圆滑，不再像年轻时那样骨骼凸出、线条清晰了。

说到这里，您会发现，您的症状确实是到了更年期的表现。和您一样，处于更年期的男性，常为自己的不适应感到苦恼，以为自己出了什么问题。其实不必紧张和不安。男性更年期症状一般不用治疗，多多进行自我调适是关键。

一是掌握有关知识。在我国，很多男性还不懂有关更年期的知识，出现身心症状时，不是认为人老了，就是怀疑身体有病了，不能进行很好的自我心理调控。所以，我们应该学习更年期的知识，主动进行自我心理调控。

二是学会适当制怒。由于雄性激素的作用，加上更年期内分泌紊乱，更年期男性确实更容易发怒。所以，除了平时养成制怒的习惯，到了更年期更要注意调控情绪，学会用一些具体方法来制怒。比如，让舌头在口腔绕三圈再说话，比如，及时转移离开发怒对象，都会让自己少发脾气或不发脾气。

三是增加户外活动。业余时间多充实自己的生活，从事自己感兴趣的活动。退休后更不要一个人闷在家中，应尽可能增加户外活动，如散步、聊天、打太极拳等。户外活动不仅可以呼吸到新鲜空气，还可以调节植物神经，调节心情。

四是及时心理宣泄。确实遇到令人头痛的事情，实在不好自我化解了，不要闷在心里，而应想办法宣泄出来。比如，找知心的老友一吐为快。这样，既宣泄了不良情绪，又能找到解决问题的出路。

五是生活形成规律。男性到了更年期阶段，也应注意安排好工作和生活，做到饮食、起居、工作有规律。规律性的生活习惯，不仅有助于人的身体健康，而且有助于培养自己的良好心境。这样，身心症状会逐渐减轻或消失。

六是注意心态调整。对更年期容易出现的心理特点，要注意自我调节，有意识地提醒自己，不敏感、不猜疑、不联想、不听小道消息，维护心态平静。如果心理问题比较重，还可以求助于心理专业人员。如果身体症状比较明显，也可以适当药物调整，但一定要遵医嘱用药。当然，就一般情况而言，关键在自我心理调整。

怎样走好退休的心路历程

心灵困扰：冯老怎么老成这样了?

马老师好！我是替冯老跟您交流的。冯老是一位同学的父亲。在我的记忆中，冯老个头虽不高，但腰板挺直，声如洪钟，两眼有神。领导着一个近千人的大厂，真不亚于战场上指挥着千军万马的将军。

前几天，冯老的老伴特意把我请到了他们家，说让我帮帮冯老。见到冯老，我心中一动：这就是冯老？我面前的冯老，神气不足、目光迟缓、脸色灰暗，腰也佝偻了，过去的精气神在他身上似乎已荡然无存。我仔细端详着冯老，心中感慨：的确老喽！怎么两年的光景老成这样！

原来，厂领导换届时，冯老被免去了厂长职务，考虑到他的年龄和工作经验，还委任了他一个技术顾问的虚衔。谁知他还改不了过去当厂长时的做法，看什么不顺眼都想提醒几句。人家看他的面子，明里不争不辩，但该干什么还干什么，该怎么干还怎么干。冯老有气没法出，每天回家总是长吁短叹。更使冯老生气的是，某些人在冯老在位时厂长长，厂长短，叫得亲亲热热，可冯老一退到了二线，见了面假装不认识，有的背地里还说这说那。冯老一气之下，递上申请，提前一年退了休。

冯老的老伴告诉我说："他人退休了，心还在厂子里。你看，下面是工人进厂的必经之路，每到上下班时间，他总是站在这里，痴呆呆地看着。我让他去厂里转转，他又不去。后来，我给他买了钓鱼竿，让他去钓鱼，他一次都没去过。我又给他买了柄长剑，让他早上去锻炼，这才勉强答应了。可是，近两个月来，他的举动越来越反常。情绪悲观低沉，每天坐卧不安，动不动就发脾气。后来干脆一个人搬到客厅里去睡了。有一天，半夜我一睁眼，看到客厅里亮着灯，听见老头子好像在和谁说话。半夜三更的，有谁会来呢？我走过去一看，发现他把小孙女的几个布娃娃一会儿摆成这样，一会儿摆成那样，看那神情，好像在指挥着工人们生产。就这样折腾大半夜，到了白天没了精神……"

我感觉冯老就是不适应退休生活，您看该怎样帮助冯老呢？

心理援助：走好退休的几步心路历程

你好！我感到你是个有爱心的人。确实，有不少退休的老年朋友，适应不了突然改变的生活模式，严重的还会出现退休综合征。

所谓"退休综合征"，是指退休前后产生的较为强烈的不适的身心症状。当事者常常会表现为情绪低落，抑郁忧闷，觉得活着失去了意义，进而产生了空虚感、无用感，严重者甚至自杀。由于生活规律的紊乱，有人失眠，有人嗜睡，有人厌食或暴食。由于心理和生活规律的失常，又常常导致了躯体疾病，甚至一下子成了沉病满身的病号。身心症状常常表现为坐卧不宁、行为重复、犹豫不决、不知干什么好，甚至出现强迫性行为，注意力不能集中，做事经常出错，性情变化明显，易急躁和发脾气，对任何事情都不满意，总是追怀往事，易猜疑和产生偏见，忧郁、失眠、多梦、心悸、阵发性全身燥热等，严重影响身心健康。

为什么会出现退休综合征呢？

一是失落感。社会角色的变化，人际关系的改变，无所事事的清闲，一些愿望的落空和遗憾等，都会干扰情绪而影响心理平衡，从而产生失落感。虽然这不仅仅是从领导岗位上退下来的老年人才有的心态，但是，从领导岗位退下来的老人，失落感往往更为强烈。

二是怀旧感。退休后的闲暇时光的增多，使人易沉湎于对往事的回忆，追忆过去的美好时光，但终因似箭光阴的流逝而产生“无可奈何花落去”的遗憾。久而久之，则心情抑郁，性格孤僻。

三是孤寂感。退休后远离同事和朋友，熟人老友相继作古，以致老来失伴，儿女离家，这些都会使人感到几许凄凉悲切，忧郁孤独。

对照起来看，冯老确实存在退休综合征的表现。

为了预防或减轻退休综合征对老年朋友们的影响，老年朋友们要做好退休心理发展的几个阶段的心理调适，走好退休的几步心路历程。

第一步，萌动阶段及其调适。

退休人员的心理变化早在退休前就开始萌动。虽然知道退休是一件自然而然的事情，但是，对退休后面临的环境、扮演的角色、心理活动的变化和调节等问题，往往会考虑不周，只是偶尔想到这些问题。

这个阶段，有关组织可以开展一些针对即将退休人员的生活指导和咨询工作，帮助即将退休的人员做好角色改变的心理准备，以应付日后遇到的新环境。同时，退休人员自己也应有充分的自我心理准备，在心理上接受现实，以积极乐观的态度对待退休。

第二步，蜜月阶段及其调适。这是刚刚退休后的最初一段时期。退休老人从平时紧张的重负荷的工作中解脱出来，可以完全自由地支配时间了。走亲访友，旅游观光，种花垂钓，缝纫编织，摄影绘画，等等，可以随心所欲了。此时他们体验到退休后的异常轻松和欣慰，做了许多过去想做但又没有时间做的事情。这也许是退休后的一段感觉美好的时光，所以有人称为“蜜月阶段”。

这个阶段，退休人员在尽情享受美好时光的同时，也应为后面的生活早做长期打算，有所准备，以便能较快地适应。

第三步，低谷阶段及其调适。

度过最初的感觉美好的一段时光之后，有些退休人员发现退休前的许多想法，在退休后并不能实现，生活节奏的改变使他们难以习惯，而几十年的工作习惯所形成的强大的惯性，又不肯轻易退出心灵舞台，他们感到了失望、痛苦、沮丧，使心理陷入低谷。

这个阶段，退休人员应积极进行主动的心理调整，使自己重新树立对生活的信心。这时候，最重要的就是增进人际交往，一面化解心理困扰，一面获得心理支持。

第四步，定向阶段及其调适。

在这个阶段，退休人员从幻想中回到现实中来了，他们开始调整自己的计划和目标，小心翼翼地进行人生的第二次选择：有的参加各种各样的以自愿为原则的组织，积极参加各种社会活动，成为社会工作和社会活动的积极分子；有的继续发挥专长，造福社会；有的在家庭中担起孙辈的家教之责；有的读老年大学继续学习进修；有的发展兴趣爱好。他们的内心世界重又开始感到充实，情绪逐步稳定，心理活动也趋向协调。

这个阶段，对退休生活的重新定向，亲朋好友固然可以当当参谋，但是，最后的选择，还是应由老人根据自身情况自己决定。

第五步，稳定阶段及其调适。

所谓稳定不是没有变化，而是退休人员根据自身的文化、经济背景，以及个人性格特点，形成了新的退休生活模式。知道自己期望干什么，应该干什么，怎么干，也知道自己的长处和短处，已经能轻松自如地去应付环境，使自己的第二次选择趋于稳定，完成了退休的心理调适，成功地适应了退休生活。

这个阶段，退休人员应该对新生活满怀信心，积极面对退休后的老年生活。社会和家庭，也应给退休老人创造良好、稳定的生活环境。

一般情况下，经历上述几步心路历程，老年朋友也就适应了退休生活。希望我们的沟通能帮助你理解冯老的心灵困扰，同时建议，根据自己所能，在今后的日子里，给冯老一些具体的帮助，比如多跟冯老聊聊天，也会有助于冯老走过退休的适应期。有你对冯老的这份爱心，相信你会做得很好，为你加油。

孩子走了我该怎么活

心灵困扰：我该怎样救自己？

马老师好！首先得请您原谅，让您知道我痛心的遭遇，让您跟我一起不开心。

我的独生儿子，24岁，去年刚刚参加工作。孩子非常好，非常懂事，非常仁义，非常知道心疼人。不是我说好，同事、亲友们都说好，都喜欢，爷爷奶奶更说好，更喜欢。一个好孩子啊！可是，就是这样一个好孩子，却突然离我而去了，再也回不来了……

那是20多天前的一个周一。儿子发烧，去看医生，做了一项常规检查，没有发现什么别的症状，就拿了点药。孩子请假在家休息，我们照常上班。两三天过去了，儿子烧还是不退。周四早晨，我们就决定再去看医生。可是，万万没想到，正准备上车的时候，儿子却突然跌倒，立刻送到医院抢救，就已经不行了。谁能料到，这一跌倒就再也没有起来。就这样，一个活蹦乱跳的孩子，一个活生生的生命，突然就走了，就离我们而去了。

后来医生推测，可能是心肌炎之类的病。可这已经没有意义了，已经这样啦，我也就不去管这些了。有时候，一个人静下来总是后悔，觉得是我们把孩子耽误了，如果我们及早带孩子做全面的检查……

孩子走了，我该怎么办？每天回家，不敢进儿子的房间，可又总要进去看看，为儿子拉拉窗帘、扫扫床铺，就好像儿子出门了就要回来了。就这样，每天眼前总是儿子的影子。儿子是我一天天拉扯大的。现在，不管看到多大的孩子，我都会想起儿子这样大的时候的样子。那天做梦，又看到了儿子，我抱住了他，可是他却没有了踪影……

现在家里就剩下我们夫妻两个人。每天进家门，我们相对无言，这也让我心里难受。有时候想和丈夫诉说诉说，又怕他身体不好承受不了……

真不好意思，今天就把这痛心的事说给您听了。虽然我提前劝自己，和您说这件事不要流泪，可还是止不住又流泪了。好，我不流泪了，我知道我们还要好好地活下去。我该怎样救自己？您能给我点帮助吗？

心灵援助：失独父母心灵自救的必经之路

您好！感谢您的信赖，让我知道您的心痛。人到中老年的失独之痛，该是怎样难以面对的心灵重创？该是怎样一段难以走过的心路历程？面对您的失独之痛，我真的久久无言，不知道该怎样安慰您，不知该怎样和您交流。让人稍稍心安的是，思之再三，感到您是一位理性的母亲，您是一位了不起的母亲。因为您想到了自救，并且已经开始了自救，您跟我交流也是希望能帮助您更好地自救。

既然如此，我就不多说安慰的话了。我想首先对您说，我国有很多失独家庭，有很多失独父母和您经历着一样的遭遇。这已经引起全社会的关注，国家已经从物质生活方面和精神生活方面，全方位地展开了对失独父母的救助，并且正在陆续出台具体的救助措施。这给失独家庭带来了温暖和信心。

正如您所意识到的，失独父母最需要的还是顽强的自我心灵救助。这个自救的过程是艰难的。但是，可以非常肯定地说，失独父母只要顽强自救，必能走出一条心灵自救之路，必能让自己的心灵早日得救，早日走向阳光。

因此，接下来我们着重谈谈失独父母心灵自救的具体心理策略，共同探索失独父母心灵自救的必经之路，希望对您有所帮助。

第一步，宣泄消极情感。

孩子的离去，使父母经受着巨大的精神打击，会出现强烈的应激反应。大雨过后有晴空。这时候，畅快的流泪痛哭和尽情的倾诉，可以使已超载的极度痛苦和悲哀得到宣泄，从而解除过量的心理负荷，收到积极的心理效应，使人保持心理平衡，对人的心理起着一种有效的保护作用。可以说，悲伤的泪水是很好的心灵消毒剂。

所以，强忍泪水不可取，要及时宣泄。对谁宣泄？首选当然是自己亲近的人，还可以找专业人员。您对我诉说自己痛心的遭遇，这本身就是你自救的积极行动。

当然，还可以找自助团队。自助团队的好处正如一位失独母亲所说："我们一起回忆孩子从小到大的点点滴滴，我们哭，我们笑，那才是我们的世界，别人不会听你说一天你孩子的事，包括你的兄弟姐妹。"

第二步，增进夫妻交流。

您说："现在家里就剩下我们夫妻两个人。每天进家门，我们相对无言，这也让我心里难受。有时候想和丈夫诉说诉说，又怕他身体不好承受不了……"

回避，这种心情可以理解，但这种做法不可取。我们不能当祥林嫂。但是，夫妻是最亲近的人，应该相互诉说。这是一种相互慰藉，一种相互支援，一种相互疗伤，一种相互救助。这是很好的心理互助，夫妻双方都需要这样的心理互助。

人的自我心理救助，都需要来自社会支持系统的心理援助。夫妻，可以说是其中最有力的因素。困境面前，最需要夫妻之间的相互扶助。特别是失独父母，积极协调夫妻关系，彼此多一份沟通，多一份关照，就彼此多一份慰藉，多一份安宁。这会让双方都能早一天从心灵的阴影中走出来。

第三步，接纳自我状态。

当我们遭遇某些生活事件的冲击时，总要引起一定程度的心理反应，包括难受、悲伤、痛苦，等等。对这些心理反应，我们常常采取对抗的态度，似乎这样才够坚强。其实，对这些心理反应，我们第一步要做的不是对抗它、否认它、消除它，而是接纳它。这种接纳本身，就会淡化内心体验，有利于自我心理调整。

面临失独之痛，您也许会担心一旦承认自己的悲伤，就会被悲伤所击倒。事实恰好相反，我们不仅要接受这个客观现实，还要接受这个现实带来的心理现实。所以，要接纳目前消极的自我心态：难受，知道自己很难受；悲伤，知道自己很悲伤；痛苦，知道自己很痛苦。就是说，您对自己目前的状态一点儿不用不好意思。任何的对抗都是徒劳的，而且会加剧消极的内心体验。唯有接纳，才会帮助自己早一天走出来。

第四步，停止自我责备。

您说："一个人静下来总是后悔，觉得是我们把孩子耽误了，如果我们及早带孩子做全面的检查……"

孩子过世后，父母总难免有很多追悔和自责。不错，没有人能把事情做得十全十美。但是，每一位父母把儿女养育成人，是最好的尽职尽责，就是一位好父母，就不该再受到责备，也不该自责。

再换个角度说，追悔和自责的背后，更深的自我心态是执着，是自己执着于亲子之情，是自己心里放不下亲情。所以，面对孩子过世，最终的自救是不再执着，是慢慢放下，放下才会心安。

第五步，重新认识生死。

有花开就有花谢，有日出就有日落，有生就有死，这叫什么？这叫无常，一切都是无常的，没有什么事物可以恒常不变，人的生命也是这样。重新认识了生死，看透了无常，我们就会领悟到，重要的是活好每一天，活好当下。这样，对生者，对死者，都是最好的选择。

第六步，重新学习独立。

学会自我独立，学会过好自己的生活，这是每位父母必须承担的。一位失独父亲擦干了泪水之后的感悟是："独立是必须的，孩子不是父母生活的全部，我们的人生还有一部分属于自己的生活。孩子走了，就是让我们该放手了，就是让我们该学会过好自己的生活了。"这是每一位智慧的父母都能领悟的。

第七步，为了生者着想。

一位失独母亲这样拯救自己的心："今天我对自己说，我要好好活着，为了我的父母，为了和我共患难的丈夫。"这是一位对生活有深爱之情的女性。正是这种深爱之情，让她更懂得怎样面对生活，懂得怎样让爱在生活中延续。

一个名叫"希望"的女童，因病过世了。父母为了延续她的生命，为了救助他人的生命，自愿将孩子的肝脏和肾脏捐献给两个陌生的生命。这是一种感天动地的人间大爱，是一种爱的升华，是一种爱的延续。

也许我们没有感天动地的故事，但是，我们一样可以让心中的爱延续，继续爱生活，继续爱身边的人。

第八步，走向新的生活。

最后，为了心灵的自救，应该竭尽全力把注意力转移到其他的人或事上去。注意力转移了，心灵就最终得救了。转移注意力的最好办法，是积极走向新的生活，甚至是迫使自己开始新的生活。这样，紧凑忙碌的生活就会取代痛苦和悲伤。

如果还有工作在身的，就早一点全身心投入工作中，工作的成就感有助于替代悲伤感。如果已经退休了，就积极参加社会或团体活动。比如，积极参加到晨练的队伍中，适当参与街道社区或其他文体活动，主动增进和身边朋友们的交往，和亲朋好友一起共度时光。如此，既充实又忙碌的新生活，会让自己的心灵早一天走过阴影走向阳光。

和您交流了上面这些，但愿能帮助您的心灵自救，也希望能帮助更多失独父母的心灵自救。真的，只要我们顽强自救，我们的生活必会走向阳光！

老伴走了我该怎么办

心灵困扰：老伴走了，我的天也塌了……

马老师好！两三个月了，一件心事早想跟您说说。我今年快70岁了，是一位退休女教师。三个多月前，老伴突发心脏病，没有抢救过来，说走就走了。

我们是同学，毕业后我们组成了一个温馨美满的家庭，婚后生育了一对儿女。自从孩子们成家后，就是我们老两口自己住，虽然也有过磕磕绊绊，到底是互相照顾走过来了。几十年风风雨雨，转眼都是快70岁的人了。

几年前，老伴身体就时常闹病。去年，老伴自己感觉不好，总说自己要过不去了，一会儿说自己能活两年，一会儿说活不到一年。我想了各种办法安慰他，告诉他不管他成什么样，我都会一如既往地耐心照顾他。年前，他说自己不行了，让我把孩子们都叫到身边，看着他走。我吓坏了，和孩子们商量了一下，就把老伴送进了医院。在医院治疗几天后，就在出院的前一天，老伴突然心脏病发作，连着抢救了三次，终于在第三次时，老伴没挺过来，走了。

老伴走了，我的天也塌了。我不能接受这样的现实，没有了老伴的我，就像断了线的风筝。那段时间，我每天看着他的照片流泪，看着为准备他出院而新洗好的床单流泪，看着家里老伴用过的各种旧物流泪。老伴在世时，我觉得生活充满了动力。可这段时间，我一点劲头都没有，除了伤心就是流泪，怪自己没有照顾好老伴，怪自己有时候还和他拌嘴。

孩子们都很孝顺，都要接我去他们家住。但是，我总觉得不管去哪儿都不是我自己的家，没有老伴的房子不能叫家，我哪儿也不愿意去。亲戚朋友也轮番安慰我，可是谁都不是我，谁都不能理解生命中最重要的一部分没了的那种痛……

现在，虽然那种心痛淡了一些，但还是没有走出来。由于看到过您的文章，特别是关于老年人如何对待衰老、疾病、死亡的文章，感到您谈得很合老年人的心思，就和您交流了上面的心事。我想，这也是不少老年人要面对的问题吧，所以，希望您谈谈对这样的问题的看法，谢谢您！

心灵援助：学会享受一个人的独处时光

您好！很理解您的心情，您的感受正是老年人丧偶的心理体验。您说得不错，这确实是不少老年人都会面对的问题，我们就来谈谈这个问题。

老伴，老伴，人到晚年，老伴是生活中最亲密的人生伴侣。丧偶肯定是对老年人的心理活动影响最大的事件，严重危害身心健康，会引起机体严重而持久的应激反应，导致内分泌紊乱，损害免疫功能，很容易诱发各种心身疾病，或促使原有疾病复发或恶化。在特殊情况下，甚至会使内分泌骤然紊乱，彻底摧毁免疫系统，毁掉一个人的生命。有些老两口相继去世，就是这个原因。

丧偶的老年人心理活动的变化，通常要经历心灵震惊、情绪波动、自我谴责、孤独绝望、恢复平衡五个阶段。对心身的伤害，主要发生在前四个阶段。因为在这四个阶段，丧偶老人的心态基本上是消极的。这些消极的心理是难免的，但每一个阶段所持续的时间，却是可以通过心理调节来缩短的。

我们先说这些，是希望引起您的足够重视，尽快地积极进行自我心理调节，尽快走过前四个阶段，尽快恢复心理平衡，安度自己的晚年。

那么，丧偶老人怎样走出心理阴影恢复心理平衡呢？

一是尽情倾诉宣泄。老伴突然离去，悲从中来也是人之常情。如果一时之间，丧偶老人确实内心悲伤难消，也不要强加抑制。怎么办？首先要做的就是痛痛快快地哭出来，把内心的哀伤、痛苦、焦虑和种种想法，尽情地向子女或亲友说出来，来寻找情感上的支持和慰藉。这样的倾诉和宣泄，可以起到心理消毒的作用。一旦将心中的痛楚倾诉出来，可使忧伤的心绪平息许多，并从亲朋好友的安抚中感受到温馨与关怀。

二是避免过分自责。许多老人丧偶都会自我责备，认为对不起死去的老伴。由于过分的自我责备，使丧偶的老人整天唉声叹气愁眉不展，给自己增加了沉重的压力，使自己身心衰弱，难以恢复平衡。其实，哪一个人不希望自己的亲人身体永远健康呢？但是许多事情都由不得人。这既不能责难医生，更不能责怪家属。

三是积极转移注意力。如果丧偶老人总是把自己的心思，放到老伴的遗物上去，势必增加自己的痛苦。所以，为了避免自己折磨自己，应该尽快将注意力转移到其他的人或事上去。可以是客观转移，比如，可以听子女的建议，暂时到子女家中住段时间；还可以把房间重新布置一番，及时将老伴生前常用的物品收藏起来，避免触景生情，见物思人。也可以是主观转移，比如，虽然不能离家，却可以把注意力转移到未来生活上去，或者将注意力转移到第三代的养育上去。

四是重新学习独立。有句话说，“夫妻本是同林鸟，大限来临各自飞”。过去，我和很多人一样，把这句话误认为

“夫妻本是同林鸟，大难来临各自飞”。我就想，连夫妻这样再亲密不过的人，大难来临都是“各自飞”，我们这个人世岂不是太悲哀了？后来才知道，这句话说的不是“大难”，是“大限”。这就是实话实说了，大限来临的时候，有几对夫妻不是各走各的？说到底，这句话把夫妻比作“同林鸟”，是要告诉人们，夫妻不管怎样亲密，也是各自独立的人，也要学会独立。老伴走了，正好让自己练就一番独立的功夫。

五是走向新的生活。心绪逐渐平复了，认识逐渐清楚了，内心逐渐独立了，接下来，就要积极地走向新的生活，尽快建立一种新的生活模式。还有工作在身的，全身投入工作中，成就感有助于充实心灵。已经退休的老人，也应积极参加社会或群体活动。比如，可以加入晨间锻炼的队伍中，参加老年大学的学习，根据自己的兴趣爱好选择适合自己的专业，如果有时间和精力的话，还可以适当参与社区或老年团队的活动。双休日可以与儿女及孙辈相聚，或者拜访亲朋好友。当然，还可以培养自己的兴趣爱好，学会享受一个人的独处时光，比如养花、养鸟、练习书画等。

最后我想说，看得出您是个很有文化修养的老人。您也许听说过“鼓盆而歌”。庄子的妻子去世，朋友却见庄子边敲盆边唱歌。朋友责备说：“你不哭也就罢了，还鼓盆而歌，是不是太不近人情了？”庄子说：“妻子刚去世时，我何尝不难过得流泪！只是细细想来，人死是复归，人的生死如同四季运行一样。现在她已静静地安息于大自然中，我再哭哭啼啼，岂不是不通情理吗？”我想，用庄子的故事结束我们的交流，会让您更多些达观和释然。祝福您！

我们该如何接受衰老

心灵困扰：难道我就这样开始衰老了？

马老师好！我是个80多岁的老太太，与您有过沟通，再跟您说说我最近的心思。

最近我感觉很不好，感觉身体大不如以前了，有了喘病。从两三个月前，也不知是今年夏天太热，还是怎么回事，上楼感觉身体没劲了，我住四楼，到第三层的时候就开始喘不过气来了。当天就让孩子带我去医院检查。各项检查结果都比较好，医生只说稍微有点骨质疏松。我说："那我怎么上楼没劲了，都喘不过气来了？"医生说："您不想想您多大岁数了，爬四层楼就是年轻人怕也要气喘吁吁呢。您不用担心身体，注意活动量就行了。"可是，我还是不放心，又前后去了几次医院，医生都说没什么问题。

我怎么这样了？您不知道，我一直身体很好，过去上下楼都是自己一个人，不觉得费劲，一点不喘。现在怎么就不行了？从那以后，孩子不让我一个人下楼了，周末陪我下去到外面转转，平时就让我一个人在屋里。说心里话，这真让我一下子接受不了。难道我就这样开始衰老了？我怎么老成这样了？

心理援助：接受衰老更有利于延缓衰老

您好！感谢您的信任，虽然 60 多岁的我与您相比还年轻，却也体验到自己开始衰老了。所以，首先对您面临衰老的心情表示理解。

很多人都在讨论怎样延缓衰老，却似乎有意无意在回避一个重要事实：不管怎样延缓，我们都难以真正阻止衰老向我们走来。

所以，首先我想说，我们需要学会接受衰老。

衰老，其实是上天对人的眷顾。为什么这样说？我们知道，衰老不是突然到来的，衰老有一个渐进的过程。一般认为，人的衰老是从 30 岁开始的。30 岁以后，身体就开始走下坡路了，以后随着年龄逐渐增大，衰老也逐渐加重了。比如，从 40 岁眼睛开始衰老， 55 岁左右听力开始衰老， 65 岁就开始渐渐失去 40% 的大肌肉群，让人在干活时感到吃力，以后体力越来越下降。总之，衰老是一个渐进的过程。

如果没有这个渐进的过程，一下子眼睛看不见东西了，一下子耳朵听不见声音了，一下子没了力气什么事情也做不了了，人怎么受得了？为了让人比较容易接受，老天让我们一点点变老。就说老年掉牙吧，不是一下子满口牙全掉光了，而是今年掉一颗，明年又掉一颗，一颗一颗地掉。这就给了我们身心一个慢慢地适应过程。有了这个适应过程，就少了几分愁苦，多了几分安然。能说不是老天对我们的眷顾吗？

既然老天眷顾我们，给了我们的衰老一个渐进的过程，让我们适应衰老，我们就该做好心理准备，主动适应衰老，学会接受衰老。

回到您的问题上来，80 多岁了四层楼还能自己上上下下，应该说您的身体确实够棒了。可是，身体再棒也有衰老的过程，自已不能上下楼的这一天总要到来。也许正因为您向来身体够棒，对这一天缺少心理准备，因而一下子难以适应，心里感到很不好过。其实，您现在也知道了，您的身体没有病，您不用反复去医院，只需要慢慢接受这个现实，接受衰老的进程，也就慢慢心安了。

接下来，我们再说接受衰老更有利于保健养生。

一来接受衰老可以避免意外伤害，有利于保健养生。

常有一些老年人，不顾年龄盲目锻炼，反而损害了身体。不久前一位退休的编辑朋友发来邮件，就讲述了自己这样的故事和教训："我两个多月前打乒乓球，一个不高不低的好球，我猛拉一个弧圈球，球打过去了，可我的右肩只听咔吧一声，手臂使不上力了。事后也没当回事，以为抻了一下，过两天就会好。没想到两个月后，仍然隐隐作痛。这才去北医三院去看病，一到B超检查，说右肩"筋腱全层断裂"，第二次找权威大夫复查，让我做个核磁共振，结论也是"筋腱全层断裂"。大夫说必须做手术，术后要恢复半年到一年。"上述教训如果能唤起各位的警惕，也算一个小小的贡献。记住：老就是老了，承认现状吧，承认自己老了，凡事都悠着点！

有些人说，坚持锻炼能延缓衰老。一般来说，这个道理没有错，但是，一定要注意身体的实际情况。否则，就难免出现意外伤害，不利于健康。而一旦从心理上接受衰老，就会在饮食起居、保健锻炼等方面，都做到悠着点。所谓悠着点，就是顺其自然，顺应老年的身心特点。这样也就避免了意外伤害，真正有利于身体健康。

二来接受衰老可以保持心理平衡，有利于保健养生。

不接受衰老，面对衰老的进程，人就会焦虑不安、慌乱恐惧。不难想象，如果一个老年人整天处在这样的担惊受怕中，身体怎能保持良好的状态？所以，对步入老年的人来说，坦然接受衰老，是心理调整的一堂必修课。老年人要学会接受生理上出现衰退的种种变化，接受自己逐步衰老的事实。心地坦然，就会多一份平和。心地平和，就少了一份苦恼，多了一份福分。

更重要的是，一旦能够坦然接受衰老，平和地面对衰老进程的每一步，就能够保持心理平衡。心理平衡就会促进机体组织细胞的良性工作状态，从而也就延缓了衰老进程，有利于身心健康。有研究发现，对衰老表现出负面态度的人，60 岁后发生心血管疾病的危险会增加两倍；而对衰老持积极态度的人，则往往更长寿。总之一句话，接受衰老更有利于延缓衰老。

就您的情况说，一旦您接受了自己不能上下楼这个事实，也就不再焦虑不安了。心里安宁了，您就已经远离了痛苦。同时，您注意不再自己一个人上下楼，而在屋子里做一些适当的活动，就是更好的自我保护。这样也就避免了意外伤害。如此一来，您的身心岂不就多了一份康宁？当然，这都需要您首先坦然接受了衰老，是不是？相信您已经为自己找到了这份康宁。祝福您！

我们该如何善待疾病

心灵困扰：我们该怎样面对疾病?

马老师好！我今年61岁，刚想享受一下退休生活，不想两个月前却病倒了，主要是腰腿上的病，在床上躺了一个多月，真是太难受了。现在，虽然总算稍微有所好转，却还是行动不方便，大部分时间还得躺在床上。而且，感觉好像这身体好多地方都有毛病了，不是这里不好受，就是那里出问题。我还看到，身边不少老年朋友也是总闹病，总跑医院。人到老年，莫非真的就疾病缠身了？

就这样，想到人老病多，心里就有点消沉。就说现在，每天大部分时间还得躺在床上，心情很不好，有时候还会对家人发脾气。

我是您的忠实读者，经常看到您的文章。听说您也闹过一场大病，现在康复得很好，真不简单。您是怎么好起来的？希望您谈谈我们该怎样面对疾病，好吗？

心理援助：从心治病，最是良方心不倒

您好！首先祝贺您的病情有所好转，哪怕是稍微好转，也是好消息，是值得祝贺的好消息。祝您越来越好！虽然疾病不是老年人的专利，但是，人到老年确实容易闹病。我们

该怎样面对疾病？这里，就应您的要求从我的病说起。

我的病是一个麻烦不小的病。

头一个麻烦，这个病可以要命。用专家的话说，可能久治不愈，可能终生截瘫，可能危及生命。死亡率有多大？和扔钢镚儿的概率差不多，正面、反面，各一半。

再一个麻烦，这个病得长期卧床。不是平常的卧床休息，是把一个人彻底撂倒，让你走不了、站不了、坐不了，只能头不离枕地躺在床上，一躺就让你躺个一年。没这样躺过的人，无论如何也想象不出那是个什么滋味，真是要命。我躺在病床上，读张海迪，读史铁生，读霍金。他们都是英雄，都了不起，都给了我力量。但是，他们到底能坐着，头到底能与地面基本垂直，而我却只能躺着，头要长期与地面保持平行。说实话，最难的时候，我甚至就要躺不下去了……

我怎么好起来的呢？如此大难不死，说起来真是有很多方面的原因。但最是良方心不倒，最关键的康复秘诀是四个字——从心治病。不然，一个大活人，不能坐、不能站、不能走、不能活动，只能头不离枕积年累月地躺在床上，也足以让你躺坏了身心，躺丢了性命。一句话，是从心治病，治了我的病，救了我的命，给了我越来越棒的身体。

什么叫从心治病？从心治病，就是治病先治心，就是病倒了心不倒，就是从心理调节上下功夫，激发自身积极的心念力，激发自我救助的心理潜力，激发内心深处蕴藏的蓬勃生命力，来提高疗效，来促进康复。

谁都难免有疾病的光顾？病来了，当然要看医生，该吃药就吃药，该打针就打针，该输液就输液，该手术就手术，一句话，该怎么治就怎么治。这叫从医治病。那种有病不就医的说法，谁信谁上当。问题是，一样的病，一样的治疗，效果却会不一样。为什么？原因固然很多，关键是心态不一样，是从心治病的功夫不一样。治病讲究综合效应，从心治病绝不排斥从医治病；从医治病更离不开从心治病。治病好比建塔，从医治病是建塔尖，从心治病才是建塔座和塔身。有了坚实的塔座，有了牢固的塔身，才有坚固的塔尖。就是说，有了坚定的从心治病，从医治病才更有效。即便从医治病无效了，只要坚定地从心治病，前面也会柳暗花明，有的是希望。

从心治病，有很多可操作性的具体方法。

比如重识疾病法：疾病是生命的一部分，没有阴晴雨雪，不是一年；没有生老病死，不是一生。病，是生命中的一个灾难，但同时，病，又是生命中的一个契机。疾病是来忠告我们，是让我们积极行动起来改善生命的。它不仅让我们从生理上认识自我，更让我们从心灵上认识自我，从而更好地完善自我，进而获得彻底康复的内在力量源泉。

比如勇敢担当法：重病之人的担当，首先表现在不忘自身的责任，也表现在疾病来了沉静面对，更表现在努力当个正常的患者。有了这份担当，就有了生命的源泉，有了源源不断的生命力。

比如待病如友法：天天以病为敌，我们的心怎么平和安定？时时与病斗争，怕是不用病折腾你，自己就把自己折腾垮了。所以，要待病如友，与疾病和谐相处，好好善待它，照看它，拥抱它。

比如积极思维法：我们的身体与我们的思维密切相关，思维方式影响着免疫系统的功能。只要改善我们的思维方式，就会改善我们的免疫系统，改善我们的生命。一个人习惯了积极思维，就有了最好的心理免疫力。

比如意志锻炼法：坚韧的意志力，是从心治病走向康复最重要的一味良药。意志，不单是刚性的心理品质，更是韧性的心理品质；不单是勇敢刚强和精神不倒，更是持之以恒和坚忍不拔。

比如康复对话法：我们的每一个起心动念，对身体都是一个指令。身体的每个细胞都会依据这个指令，作出相应的生理反应，比如，激素分泌系统的反应、免疫系统的反应以及整个机体的反应，从而影响人的身体健康。因此，病痛加身的人，要进行积极的自我康复对话，不断给自己输入康复的指令。如此，我们的身体也就真的越来越走向康复。

限于篇幅这里只能谈到这儿。相信我们的交流，会给您送去一份健康，送去一份幸福。祝福您！

我们该如何认识死亡

心灵困扰：为什么总担心死神会降临？

马老师好！我今年65岁了，退休前做文字工作，现在还喜欢读点书，写点东西，所以，经常看您的书，也经常读您的文章。您对老年心理的分析很有道理，对我帮助不小。您谈到的如何对待衰老、如何对待疾病，对我很有启发。但是，我心里还是有点纠结，跟别人不好意思开口，想和您谈谈。

是这样的。最近我闹了一场大病，是心脏的问题，幸亏抢救及时，做了心脏支架，总算转危为安。现在，我已经出院在家里疗养，身体状态恢复挺好，可以出来进去，生活基本正常。我不说，别人看不出我闹过病。但是，我自己心里很消沉，非常消沉。自从病后，我总是担心死亡会随时到来，担心自己说不定哪一天就会……

跟您说心里话，虽说我已经是这个岁数的人了，但一想到死，心里就会不安，有点害怕，有点慌乱，有点绝望，有点不知所措。我知道，这样的心态很不好，可就是走不出来。家人也劝我，没事的，放松心情会好起来的。可是，我还是担心哪一天死神会降临，这是为什么？希望听听您的分析，应该怎样认识死亡，应该怎样面对死亡，让我不再那么焦虑不安。谢谢您！

心理援助：认识了死才会活得更好

您好！感谢您的信赖，感谢您对我说出您的心里话。您这个话题，确实很不轻松，说些一般的道理也没意思。好在，我也是60多岁的人了，也曾经大病一场，也曾经与死神握手。您就别把我当专家，咱们就像老友聊天，我也有什么说什么，说说我个人是如何看待死亡这个话题的，说说我的心里话，一家之言，与您交流。好吗？

我们中国人，忌讳说“死”。过去我也这样，不愿意说到死，不愿意想到死。可生、老、病、死，这个“死”谁也躲不过去。所以，我以为，您能提出这个问题，这本身就比避而不谈要好得多。

面对死亡，我经历过怎样的认识过程呢？

还是几年前，一个殡葬文化与生命教育研讨会，在会议中心召开。我的一位朋友，是这次研讨会的主要召集人，邀我参加。不用说，这是一个离不开死亡的研讨会。说心里话，若不是朋友的真情相邀，对这次会议我是不会有兴趣的。因为说实话，活了几十年，自认经常想到“生”，还几乎没有想到过“死”。总以为，死离自己还很远很远，人生在世，学会“生”也就是了。

可是这次会议，有关生命教育的研讨，有关死亡的研讨，让我经受了一次心灵的洗礼与生命的升华。会上，聆听了太多的关于死亡的话题，就心有所悟，原来，“死”是一个人随时都要面对的事情。死是生的另一端，两者并不遥远，人生无常，生命在一息之间。因而，每个人都应该对死亡有所准备，不仅要学会“生”，还要学会“死”。

但是，平常的日子里，我们却不喜欢谈论死亡，我们更拒绝跟孩子们谈论死亡，我们的学校里几乎没有死亡教育或叫作生命教育的课程，以至像我们这个岁数的人，对死亡的认识还那样肤浅而粗糙。大家对于死，除了恐惧，就是无奈。因为恐惧，似乎只能避之三舍；因为无奈，似乎只能听天由命。不难想象，对“死”如此被动与消极，对“生”又能有多少主动担当与积极面对？

我们每一个人都应该正确认识死亡。学会死，就是要学会活；学会活，就是要学会做，做人、做事、做好自己。一句话，认识了死，学会了死，才会让自己活得更好。我们都想活得更好，但是，不认识死，怎么能更好地活？

不知是人生阅历的增加，还是死里逃生的启迪，让我对死的认识总算有了一些进步。最直接的表现就是，不再怕思考死亡，不再怕谈论死亡，对死少了一份恐惧与无奈，对生命多了一份坦然、释然、淡然与欣然。

认识死，就是知道死是人生的必然。世事无常，有生有死，便是人生的无常。死是任何人都不能避免的，死是生命的另一种形式。雨果临终前说：“生命的旅行，总有结束的时候，我该休息了！”这，会让我们对生命多一份坦然。

认识死，就是知道死不过一期生命的结束。我们的生命像地上的草，草枯萎了，却孕育了新草春天的萌发。我们的生命像天上的云，云消散了，却融入了无尽的蓝天。我们的生命像大海的浪花，浪花消失了，却融入了永恒的海洋。正如罗素所说，每个人的人生都应该像河流一样，最后河水流入海洋，永远奔流不息。就是这样，死亡意味着新生。这，会让我们对生命多一份释然。

认识死，就是知道人生需要学会放下。人生不能虚度，人生要有所作为，为社会，为大众，要精进努力奉献你的所能。但是，要为而不争，不争名，不争利，不争功，一切顺其自然，不贪恋，不执着自我。这，会让我们对生命多一份淡然。

认识死，就是把握好生命当下的一刻。过去的已经过去，未来的还未到来，我们能够把握的，是现在，是当下。生命就是无数的当下。我们无法预知死亡，我们唯一能够做到的是，把握当下，活好当下，珍惜生命的每一个当下。一句话，认识了死亡，我们就该把生命的当下活得更好。这，会让我们对生命多一份欣然。

大概正是有了这些认识，在我面对死神的时候，没有恐惧，没有慌乱，没有哭闹。那个时刻，我虽然想好了遗言，最后却什么也没说，自己告诉自己，不说了，什么都不说了，静静地闭上眼睛，安然地等待走上这期生命的归程吧。没想到老天说，那只是让我练练功夫，说我的任务还没有完成，还要留下来继续坚守岗位为人民服务。于是，今天我们才有机缘可以交流这个话题。

跟您说心里话，现在的我，每一天都在积极地生活着，每一天又都随时准备着，准备安然上路。

说到这里，我特别想说的是，我们真的能够练出点功夫，让自己到时候安然上路，是这辈子莫大的福分。但愿我们的交流能对您有所帮助，少一些想到死亡时的不安，多一些活好当下的安然。祝福您！

第八部分 自我测试：给心灵画张像

您的心理年龄有多大

导语：

心理学的研究表明，心理年龄与生理年龄并不一定同步。老年朋友们一定关心这样的问题：我的心理年龄有多大？下面是一个适合中老年朋友们进行心理年龄自我测试的量表。您不妨测试一下，可以帮您找到答案。请您细读下列测试问题，对照自己的情况，完全符合的在“是”列的数字上打“√”，完全不符合的在“否”列数字上打“√”，两者之间的在“中间”一列的数字上打“√”。

问题：

	是	中间	否
1．下决心做某事后便立刻去做。	0	1	2
2．往往凭经验办事。	2	1	0
3．对任何事情都有探索精神。	0	2	4
4．说话慢而且啰唆。	4	2	0
5．健忘。	4	2	0
6．怕烦心，怕做事，不想活动。	4	2	0
7．喜欢计较小事。	2	1	0
8．喜欢参加各种活动。	0	1	2
9．日益固执起来。	4	2	0
10．对什么事情都有好奇心。	0	1	2

	是	中间	否
11．有强烈的生活追求。	0	2	4
12．难以控制感情。	0	1	2
13．容易嫉妒别人，易悲伤。	2	1	0
14．见到不合理的事不那么气愤了。	2	1	0
15．不喜欢看推理小说。	2	1	0
16．对电影和爱情小说日益失去兴趣。	2	1	0
17．做事情缺乏持久性。	4	2	0
18．不愿意改变旧习惯。	2	1	0
19．喜欢回忆过去。	4	2	0
20．学习新鲜事物感到困难。	2	1	0
21．十分注意自己身体的变化。	2	1	0
22．生活兴趣的范围变小了。	4	2	0
23．看书的速度加快。	0	1	2
24．动作不够灵活。	2	1	0
25．消除疲劳感很慢。	2	1	0
26．晚上不如早晨和上午头脑清醒。	2	1	0
27．对生活中的挫折感到烦恼。	2	1	0
28．缺乏自信心。	2	1	0
29．集中精力思考感到困难。	4	2	0
30．工作效率低。	4	2	0

评析：

请把各题的得分相加，算出总分，就可以在下表中查出自己的心理年龄所居的大致范围。

心理年龄范围评估表

总分	心理年龄范围
75 分以上	60 岁及以上
66 ~ 75 分	50 ~ 59 岁
51 ~ 65 分	40 ~ 49 岁
31 ~ 50 分	30 ~ 39 岁
0 ~ 30 分	20 ~ 29 岁

现在，您知道了自己大致的心理年龄范围，再跟您的生理年龄做一下比较。如果您的心理年龄小于生理年龄，则属于心理年龄较年轻，该为您祝贺；如果您的心理年龄等于生理年龄，则属于心理年龄正常，也该庆幸；如果您的心理年龄大于生理年龄，则有点心理年龄老化了。不过，这也不用悲观，请参照自测问题的各项目，朝积极方面努力，您一定能找回年轻的感觉。

您的心理健康吗

导语：

这是一个帮助老年朋友们了解自己的心理健康状况的测试，也可以用来帮助家人了解老人的心理健康状况。测试共有70个问题，请和自己的情况作比较，基本符合的在括号中记2分，有点符合的记1分，不符合的记0分，不清楚的也记0分。回答时不必仔细考虑，要尽快回答。好，现在开始。

问题：

1．如果周围有喧闹声，不能马上睡着。（　）
2．常常怒气陡生。（　）
3．梦中所见与平时所想的不谋而合。（　）
4．习惯与陌生人谈笑自如。（　）
5．经常精神萎靡。（　）
6．常常希望好好改变一下生活环境。（　）
7．不愿意破除以前的规矩。（　）
8．稍稍等人一会儿就气得不得了。（　）
9．常常感到头有紧箍感。（　）
10．对周围很小的声音也会注意到。（　）
11．不太会有哀伤的心情。（　）
12．常常思考将来的事情并感到不安。（　）
13．孤独一人时常常心烦意乱。（　）

14. 自以为从不对人说谎。（　）
15. 常常出现一着慌便完全失败的情形。（　）
16. 经常担心别人对自己的看法。（　）
17. 经常以为自己的行为受别人支配。（　）
18. 做以自己为主的事情，常常非常活跃，全无倦意。（　）
19. 常常担心发生地震和火灾。（　）
20. 希望过与别人不同的生活。（　）
21. 自以为从不怨恨他人。（　）
22. 失败后，会长时间地存在颓丧的心情。（　）
23. 兴奋时常常会突然神志昏迷。（　）
24. 即使最近发生了什么事故，也往往毫不在乎。（　）
25. 常常为一点小事而十分激动。（　）
26. 很多时候天气虽好却心情不佳。（　）
27. 工作时，常常想起什么便突然外出。（　）
28. 不希望别人经常提起自己。（　）
29. 常常对别人的微词耿耿于怀。（　）
30. 常常因为心情不好而感到身体的某个部位疼痛。（　）
31. 常常会突然忘记以前的打算。（　）
32. 睡眠不足或者连续工作都毫不在乎。（　）
33. 生活没有活力，意志消沉。（　）
34. 工作认真，有时却有荒谬的想法。（　）
35. 自认为从没有浪费时间。（　）
36. 与人约定事情常常犹豫不决。（　）
37. 看什么都不顺眼时常常感到头痛。（　）
38. 常常听见他人听不见的声音。（　）
39. 常常毫无缘由地快活。（　）
40. 一紧张就直冒汗。（　）
41. 比过去更厌恶今天，常常希望最好出些变故。（　）

42．自以为经常对人说真话。（ ）

43．往往漠视小事而无所长进。（ ）

44．紧张时脸部肌肉常常会抽动。（ ）

45．有时认为周围的人与自己截然不同。（ ）

46．常常会粗心大意地忘记约会。（ ）

47．爱好沉思默想。（ ）

48．一听到有人说起仁义道德的话，就怒气冲冲。（ ）

49．自以为从没有被父母责骂过。（ ）

50．一着急就总是担心时间，频频看表。（ ）

51．尽管不是毛病，常常感到心脏和胸口发闷。（ ）

52．不喜欢与他人一起游玩。（ ）

53．常常兴奋得睡不着觉，总想干些什么。（ ）

54．尽管是微小的失败，但总是把过失归咎于自己。（ ）

55．常常想做别人不愿意做的事情。（ ）

56．习惯于亲切和蔼地与别人相处。（ ）

57．必须在别人面前做事情时，心就会剧烈地跳动起来。（ ）

58．心情常常随当时的气氛变化而变化。（ ）

59．即使是自己发生了重大事情，也好像不是自己的事那样思考。（ ）

60．往往因为极小的愉悦而非常激动。（ ）

61．心有所虑时常常情绪非常消沉。（ ）

62．认为社会腐败，不管怎么努力也不会幸福。（ ）

63．自认为没有与人吵过架。（ ）

64．失败一次后再做事情时非常担心。（ ）

65．常常有堵住嗓子的感觉。（ ）

66. 常常视父母兄弟如路人一般。 （ ）
67. 常常与初次相见的人愉快交谈。 （ ）
68. 念念不忘过去的失败。 （ ）
69. 常常因为事情进展不如自己想象的那样而怒气冲冲。 （ ）
70. 自认为从未生过病。 （ ）

评析：

按照下面的心理健康自我鉴定计分表，根据“类型号码”栏每种类型分数，把“问题题号”栏各问题的得分横向相加起来，分别填入“合计得分”栏中。例如，“类型 1”各题的得分别是：第 1 题 2 分，第 8 题 1 分，第 15 题 0 分，第 22 题 0 分，第 29 题 1 分，第 36 题 2 分，第 43 题 1 分，第 50 题 2 分，第 57 题 0 分，第 64 题 1 分，则 2+1+0+0+1+2+1+2+0+1=10 分，这个 10 分就填在与“类型 1”对应的“合计得分”栏里。其他各种类型依此类推。

心理健康自我鉴定计分表

问题题号	合计得分	类型号码
1 8 15 22 29 36 43 50 57 64		1
2 9 16 23 30 37 44 51 58 65		2
3 10 17 24 31 38 45 52 59 66		3
4 11 18 25 32 39 46 53 60 67		4
5 12 19 26 33 40 47 54 61 68		5
6 13 20 27 34 41 48 55 62 69		6
7 14 21 28 35 42 49 56 63 70		7

心理症状指数的计算：除去“类型号码”栏中第 7 项虚构症外，将前 6 项的得分相加，然后将总分数乘以 3，所得分数即心理症状指数。例如，第一横行合计得分为 5，第二横行为 2，以后依次为 2、1、3、2，则前 6 项的得分合计为 5+2+2+1+3+2=15，心理症状指数则为 15 × 3=45。

心理症状指数 32 以下的人，心理健康状况良好。没有什么不良征兆。

心理症状指数 33 ～ 47 的人，心理健康状况较好。如果某种症状类型的得分过高，就要再次自我检查某一心理方面的健康状况，找出病因再对症治疗。

心理症状指数 48 ～ 61 的人，心理健康状况一般。要调整自己的心理健康状况，特别要积极找出得分较高的症状类型的原因，及时治疗。

心理症状指数 62 ～ 76 的人，有心理疾病的征兆。自我检查哪项症状类型最严重，仔细分析症状严重的原因，并努力解除这个原因。如果有条件最好去心理咨询。

心理症状指数 77 及以上的人，已经患有某种程度的心理疾病。一定要接受心理医生的诊断和治疗。不管怎样，重要的是早期发现，早期治疗。

您的心理衰老吗

导语：

您的心理衰老有几分？平时您也许有过推测，但未必准确。为了比较准确地判断老年人心理是否衰老，心理学家提供了一些自我测定的方法。下面就是一组心理衰老的自我测试，老年朋们友不妨测试一下。请您根据自己最近的情况，与下面的项目做一个对照，在符合的项目后面打“√”。您不必过多思考。好，现在开始。

问题：

1. 即使戴了眼镜也看不清东西。
2. 没有一个年轻的朋友。
3. 不喜欢看报刊的“智力园地”这类内容。
4. 不能一下子说出“水”的五种不同用途。
5. 别人和自己讲话必须凑近耳朵大声讲才行。
6. 不能一下子顺背七位数或倒背五位数。
7. 做事不能坚持到底。
8. 看到小说中有关爱情的描写一跳而过。
9. 害怕外出。
10. 在两分钟内不能从 100 开始连续减 7 直至减到余 2。
11. 喜欢一个人静静地坐着。
12. 不能想象出天上的云块像什么。

13．常常和别人争吵。

14．吃任何东西都感到味道不好。

15．不想学习新的知识和技能。

16．常常把一张立体图看成一张平面图。

17．不喜欢下棋这类要动脑筋的游戏。

18．总以为自己比别人高明。

19．以前的许多兴趣爱好现在都没有了。

20．记不清今天是几号，明天是星期几。

21．钱几乎都花在吃的方面。

22．老是回顾过去。

23．常常无缘无故地生闷气。

24．不喜欢听没有歌词的音乐。

25．喜欢反复讲一件事。

26．看了书、电影、戏剧后，回忆不起来它们的内容。

27．别人的劝告一点听不进去。

28．对未来没有计划和安排。

29．常常看错东西或听错话。

30．走路离不开拐杖。

评析：

上面各项每打一个“√”记1分，计算出累计总分。26～30分为心理极度衰老，21～25分为心理很衰老，16～20分为心理比较衰老，10～15分为有点心理衰老，10分以下为基本无心理衰老。如果您的心理衰老程度很轻，当然是该视贺的，希望您继续保持。如果您的心理衰老程度比较重，也不必失望，只要进行积极的心理调适就能延缓心理衰老。

您的抑郁有几分

导语：

下面是一个适用于老年人的抑郁自测量表，共有20个测试项目。请您仔细阅读每一个项目，把意思弄明白。然后根据您最近一星期的实际情况，看符合每个问题后面的A、B、C、D哪种情况，A表示没有或很少时间如此；B表示小部分时间如此；C表示相当多时间如此；D表示绝大部分或全部时间如此。哪一种符合就画一个“√”。

问题：

1．我觉得闷闷不乐，情绪低沉。　A B C D
2．我觉得一天之中早晨最好。　A B C D
3．我一阵阵哭出来或觉得想哭。　A B C D
4．我晚上睡眠不好。　A B C D
5．我吃得跟平常一样多。　A B C D
6．与异性密切接触时和以往一样感到愉快。　A B C D
7．我发觉我的体重在下降。　A B C D
8．我有便秘的苦恼。　A B C D
9．我心跳比平时快。　A B C D
10．我无缘无故地感到疲乏。　A B C D
11．我的头脑跟平常一样清楚。　A B C D
12．我觉得经常做的事情并没有困难。　A B C D
13．我觉得不安而平静不下来。　A B C D

14．我对将来抱有希望。 A B C D

15．我比平常容易激动、生气。 A B C D

16．我觉得做出决定是容易的。 A B C D

17．我觉得自己是个有用的人，有人需要我。 A B C D

18．我的生活过得很有意思。 A B C D

19．我认为如果我死了别人会生活得好些。 A B C D

20．平常感兴趣的事我照样感兴趣。 A B C D

评析：

其中1、3、4、7、8、9、10、13、15、19为正向评分题，2、5、6、11、12、14、16、17、18、20为反向评分题。

评定标准：症状按出现频度分为A、B、C、D四个等级，其中正向评分题依次评为1、2、3、4分，反向评分题依次评为4、3、2、1分。此均为粗分。

统计指标：把20个项目中的各项分数相加，以此作为总粗分，然后按下面的粗分标准分换算表换算成标准总分。

粗分标准分换算表

粗分	标准分	粗分	标准分	粗分	标准分
20	25	29	36	38	48
21	26	30	38	39	49
22	28	31	39	40	50
23	29	32	40	41	51
24	30	33	41	42	53
25	31	34	43	43	54
26	33	35	44	44	55
27	34	36	45	45	56
28	35	37	46	46	58

续表

粗分	标准分	粗分	标准分	粗分	标准分
47	59	59	74	71	89
48	60	60	75	72	90
49	61	61	76	73	91
50	63	62	78	74	92
51	64	63	79	75	94
52	65	64	80	76	95
53	66	65	81	77	96
54	68	66	83	78	98
55	69	67	84	79	99
56	70	68	85	80	100
57	71	69	86		
58	73	70	88		

总粗分 ________

标准总分 ________

中国量表协作组曾用这个自测量表对 1 340 名正常人进行了评定，以此得出的常模总粗分为 33.46 ± 8.55，标准总分为 41.88 ± 10.57。因而总粗分的分界值可定为 41 分，标准总分的分界值则可定为 53 分。

就是说，如果自评总粗分超过 41 分，标准总分超过 53 分，就说明您有抑郁症状，而且超过得越多，抑郁越严重。这时，您就需要考虑进行心理咨询或心理治疗了。

您的焦虑有几分

导语：

下面是一个适用于老年朋友的焦虑自测量表，共有 20 个测试项目。请您仔细阅读每一个项目，把意思弄明白。然后根据您最近一星期的实际感觉，看符合每个问题后面的A、B、C、D 哪种情况，A 表示没有或很少时间如此；B 表示小部分时间如此；C 表示相当多时间如此；D 表示绝大部分或全部时间如此。哪一种符合就画一个“√”。

问题：

1. 我觉得比平常容易紧张和着急。 A B C D
2. 我无缘无故地感到害怕。 A B C D
3. 我容易心里烦乱或觉得惊恐。 A B C D
4. 我觉得我可能要发疯。 A B C D
5. 我觉得一切都好，也不会发生什么不幸。 A B C D
6. 我手脚发抖打战。 A B C D
7. 我因为头痛、头颈痛和背痛而苦恼。 A B C D
8. 我感觉容易衰弱和疲乏。 A B C D
9. 我觉得心平气和，并且容易安静坐着。 A B C D
10. 我觉得心跳得很快。 A B C D
11. 我因为一阵阵头晕而苦恼。 A B C D
12. 我有时晕倒，或觉得要晕倒似的。 A B C D

13．我吸气、呼气都感到很容易。　　A B C D
14．我的手脚麻木和刺痛。　　A B C D
15．我因为胃痛和消化不良而苦恼。　　A B C D
16．我常常要小便。　　A B C D
17．我的手常常是干燥、温暖的。　　A B C D
18．我脸红发热。　　A B C D
19．我容易入睡并且一夜睡得很好。　　A B C D
20．我做噩梦。　　A B C D

评析：

其中1、2、3、4、6、7、8、10、11、12、14、15、16、17、18、19、20为正向评分题，5、9、13为反向评分题。

评定标准：症状按出现频度分为A、B、C、D四个等级，其中正向评分题依次评为1、2、3、4分，反向评分题依次评为4、3、2、1分。此均为粗分。

统计指标：把20个项目中的各项分数相加，以此作为总粗分，然后按下面的粗分标准分换算表换算成标准总分。

粗分标准分换算表

粗分	标准分	粗分	标准分	粗分	标准分
20	25	30	38	40	50
21	26	31	39	41	51
22	28	32	40	42	53
23	29	33	41	43	54
24	30	34	43	44	55
25	31	35	44	45	56
26	33	36	45	46	58
27	34	37	46	47	59
28	35	38	48	48	60
29	36	39	49	49	61

续表

粗分	标准分	粗分	标准分	粗分	标准分
50	63	61	76	72	90
51	64	62	78	73	91
52	65	63	79	74	92
53	66	64	80	75	94
54	68	65	81	76	95
55	69	66	83	77	96
56	70	67	84	78	98
57	71	68	85	79	99
58	73	69	86	80	100
59	74	70	88		
60	75	71	89		

总粗分 ________

标准总分 ________

中国量表协作组用这个自测量表对 1 158 名正常人的研究结果表明，20 项总粗分均值为 29.78 ± 10.07。总粗分的正常上限为 40 分，标准总分为 50 分。

就是说，如果自评总粗分超过 40 分，标准总分超过 50 分，就被判定为有焦虑症状，超过得越多，焦虑状态越重。如果可能，就需要看心理医生或做心理咨询了。

您的日常生活能力如何

导语：

这是一份适合于老年人的日常生活能力量表，主要用于评定被试者的日常生活能力，有助于老人是否痴呆的诊断。可以家人做主试者。本量表共有 14 个项目，主要检查生活自理能力和工具性日常生活能力。评定时如被试者因故如痴呆、失语等，不能回答或不能正确回答，则可根据家人的观察来评定。当然，如果情况允许，老年朋友们也可以自己测试。

评定分为 4 级。1 分：自己完全可以做；2 分：有些困难；3 分：需要帮助；4 分：根本没办法做。如果有些项目无法了解实情或从未做过，则记 9 分。

问题：

1．使用公共车辆。　1 2 3 4
2．行走。　1 2 3 4
3．做饭菜。　1 2 3 4
4．做家务。　1 2 3 4
5．吃药。　1 2 3 4
6．吃饭。　1 2 3 4
7．穿衣。　1 2 3 4
8．梳头、刷牙等。　1 2 3 4
9．洗衣。　1 2 3 4

10．洗澡。 1 2 3 4

11．购物。 1 2 3 4

12．定时上厕所。 1 2 3 4

13．打电话。 1 2 3 4

14．处理自己的钱财。 1 2 3 4

评析：

评定结果主要计算总分。总分为各个项目的分数相加。

如果所得总分在16分及其以上，则表明功能有不同程度的下降；如果总分在22分及其以上，则表明功能有明显障碍。家人应根据情况注意对老人的照顾和护理，老人自己也应多加注意，让老年人的生活多一份安康和幸福。

后 记

这本书能与读者见面，要感谢诸多助缘。

感谢我接待的心理求询者，特别是其中的老年朋友。是他们推动我更真切地走进老年人的心理世界，是他们推动我更深入地研究老年生活中的诸多心理问题。

感谢中国人口出版社。出版社顺时应势，关注人口老龄化问题，关注老年人的心理健康，关注老年人的生活幸福，高质量，快速度，为老年朋友送来这本“福音书”。

感谢责任编辑刘继娟老师。继娟编辑诚恳热情，我们有过愉快的合作，这次为本书的出版问世，从选题立项到书稿编辑，做了很多工作，付出很多辛苦。

最后特别感谢我的好友刘素梅老师。素梅老师不辞辛苦，在书稿付梓前，认真通读了全部书稿，从内容到文字，提出了许多宝贵意见，让书稿更加臻于完善。

诸多助缘，方成此书。借此机缘，深致谢意！

作者水平所限，书中难免错误，欢迎读者指正。当然，作为心理咨询师，也愿意为需要的朋友提供心理咨询服务。如果来信，请寄天津市宝坻区邮政16信箱，邮编：301800，或发 E-mail：tjbdmzg@sina.com；如果来电，请周六晚 8 ~ 10 点拨通心理咨询专线 022-29228042；如果来访，请一定事先预约。

马志国

庚子初秋记于空心斋